——互联网实验室文库——

“互联网口述系列丛书”战略合作单位

浙江传媒学院

互联网与社会研究院

博客中国

国际互联网研究院

国家出版基金项目
NATIONAL PUBLICATION FOUNDATION

OHI
Oral History Of The Internet

光荣与梦想

互联网口述系列丛书

许榕生篇

方兴东◎主编
刘　伟◎执行主编

電子工業出版社
Publishing House of Electronics Industry
北京•BEIJING

出版说明

“互联网口述历史”项目是由专业研究机构——互联网实验室，组织业界知名专家，对影响互联网发展的各个时期和各个关键节点的核心人物进行访谈，对这些人物的口述材料进行加工整理、研究提炼，以全方位展示互联网的发展历程和未来走向。人物涉及创业与商业，政府、安全与法律等相关领域，社会、思想与文化等层面。该项目把这些亲历者的口述内容作为我国互联网历史的原始素材，展示了互联网波澜壮阔的完整画卷。

今天奉献给各位读者的互联网口述系列丛书第一期的内容来源于“互联网口述历史”项目，主要挖掘了影响中国互联网发展的8位关键人物的口述历史资料和研究成果，包括《光荣与梦想：互联网口述系列丛书 钱华林篇》《光荣与梦想：互联网口述系列丛书 刘韵洁篇》《光荣与梦想：互联网口述系列丛书 许榕生篇》《光荣与梦想：互联网口述系列丛书 张朝阳篇》《光荣与梦想：互联网口述系列丛书 张树新篇》《光荣与梦想：互联网口述系列丛书 陆首群篇》《光荣与梦想：互联网口述系列丛书 胡启恒篇》《光荣与梦想：互联网口述系列丛书 田溯宁篇》。

“口述历史”，简单地说，就是通过笔录、录音、录影等现代技术手段，记录历史事件当事人或者目击者的回忆而保存的口述凭证。“口述”作为一种全新的学术研究方法，尚处在“探索”阶段，目前尚未发现可供借鉴和参考的案例或样本。在本系列丛书的策划过程中，我们也曾与行业内的专家和学者们进行了多次的探讨和交流，尽量规避“口述”这种全新的研究方式存在的不足。与此同时，针对“口述”内容存在的口语化的特点，在本系列丛书的出版过程中，我们严格按照出版规范的要求最大限度地进行了调整和完善。但由于“口述体”这种特殊的表达方式，书中难免还存在诸多不当之处，恳请各位专家、学者多多指正，共同探讨“口述”这种全新的研究方法，通过总结和传承互联网文化，为中国互联网的发展贡献自己的力量。

“互联网口述系列丛书”编委会

“互联网口述系列丛书”工程执行团队

牵头执行：互联网实验室

总负责人：方兴东

采访人员：方兴东、钟布、赵婕

访谈联络：范媛媛、孙雪、张爱芹

摄影摄像：李宁、杜康乐

文字编辑：李宇泽、骆春燕、袁欢、索新怡

视频剪辑：杜运洪、李可

战略合作：高忆宁、马杰

出版联络：任喜霞、吴雪琴

研究支持：徐玉蓉、陈帅、宋谨谨

媒体宣传：于金琳、朱晓旋、张雅琪

技术支持：高宇峰、胡炳妍、唐启胤、魏海

总　序

为什么做“互联网口述历史”（OHI）*

方兴东

2019 年是互联网诞生 50 周年，也是中国互联网全功能接入 25 年。如何全景式总结这波澜壮阔的 50 年，如何更好地面向下一个 50 年，这是“互联网口述历史”的初衷。

通过打造记录全球互联网全程的口述历史项目，为历史立言，为当代立志，为未来立心，一直是我个人的理

* 编者注：“互联网口述系列丛书”内容来源于“互联网口述历史”（OHI）项目。

想。而今，这一计划逐渐从梦想变成现实，初具轮廓。作为有幸全程见证、参与和研究中国互联网浪潮的一个充满书生意气的弄潮儿，我不知不觉把整个青春都献给了互联网。于是，我开始琢磨，如何做点更有价值的工作，不辜负这个时代。于是，2005 年，“互联网口述历史”（OHI）开始萦绕在我心头。

我自己与互联网还是挺有缘分的。互联网诞生于 1969 年，那一年我也一同来到这个世界。1987 年，我开始上大学，那一年，互联网以电子邮件的方式进入中国。1994 年，我来到北京，那一年互联网正式进入中国，我有幸第一时间与它亲密接触。随后，自己从一位高校诗社社长转型为互联网人，全身心投入到为中国互联网发展摇旗呐喊的事业中。20 多年的精彩纷呈尽收眼底。从 20 世纪 90 年代开始，到今天以及下一个 10 年，是所谓的互联网浪潮或者互联网革命的风暴中心，是最剧烈、最关键和最精彩的阶段。

但是，由于部分媒体的肤浅和浮躁，商业的功利与喧嚣，迄今，我们对改变中国及整个人类的互联网革命并没有恰如其分地呈现和认识。因为这场革命还在进程当中，我们现在需要做的并不是仓促地盖棺论定，也不是简单地总结或预测。对于这段刚刚发生的历史中的人与事、真实与细节，进行勤勤恳恳、扎扎实实的记录和挖掘，以及收集和积累更加丰富、全面的第一手史料，可能是更具历史价值和更富有意义的工作。

“互联网口述历史”仅仅局限在中国是不够的。不超越国界，没有全球视野，就无法理解互联网革命的真实面貌，就不符合人类共有的互联网精神。迄今整个人类互联网革命主要是由美国和中国联袂引领和推动完成的。到 2017 年底，全球网民达到 40 亿，互联网普及率达到 50%。我们认为，互联网革命开始进入历史性的拐点：从以美国为中心的上半场（互联网全球化 1.0），开始进入以中国为中心的下半场（互联网全球化 2.0）。中美两国承前启后、前赴后继、各有所长、优势互补，将人类互联网新文明不断推向深入，惠及整个人类。无论存在何种摩擦和争端，在人类互联网革命的道路上，中美两国将别无选择地构建成为不可分割的利益共同体和命运共同体。所以，“互联网口述历史”将以中美两国为核心，先后推进、分步实施、相互促进、互为参照，绘就波澜壮阔的互联网浪潮的完整画卷。

在历史进程的重要关头，有一部分脱颖而出的人，他们没有错过时代赋予的关键时刻，依靠个人的特质和不懈的努力，做出了独特的贡献，创造了伟大的奇迹。他们是推动历史进程的代表人物，是凝聚时代变革的典范。聚焦和深入透视他们，可以更好地还原历史的精彩，展现人类独特的创造力。可以毫不夸张地说，这些人，就是推动中国从半农业半工业社会进入到信息社会的策动者和引领者，是推动整个人类从工业文明走向更高级的信息文明的功臣和英雄。他们的个人成就与时代所赋予的意义，将随着时间的推移，不断得以彰显和认可。他们身上体现的价值观和独特的精神气质，正是引领人类走向未来的最宝贵财富！

“互联网口述历史”自 2007 年开始尝试，经过十多年断断续续的摸索，总算雏形初现。整个计划的第一阶段成果分为两部分。一部分记录中国互联网发展全过程，参与口述总人数达到 200 人左右的规模。其中大致是：创业与商业层面约 100 人，他们是技术创新和商业创新的主力军，是绝对的主体，是互联网浪潮真正的缔造者；政府、安全与法律等相关层面约 50 人，他们是推动制度创新的主力军，是互联网浪潮最重要的支撑和基础；学术、社会、思想与文化等层面约 50 人，他们是推动社会各层面变革的出类拔萃者。另一部分是以美国为中心的全球互联网全记录，计划安排 300 人左右的规模。大致包括美国 150 人、欧洲 50 人、印度等其他国家 100 人。三类群体的分布也基本同上部分。第一阶段的目标是完成具有代表性的 500 人左右的口述历史。正是这个独特的群体，将人类从工业文明带入到了信息文明。可以说，他们是人类新文明的缔造者和引领者。

自 2014 年开始，我们开始频繁地去美国，在那里，得到了美国互联网企业家、院校和智库诸多专家学者的大力支持和广泛认可，全面启动全球“互联网口述历史”的访谈工作。目前，我们以每一个人 4 小时左右的口述为基础内容，未来我们希望能够不断更新和多次补充，使这项工程能够日积月累，描绘出整个人类向信息文明大迁移的全景图。

到 2018 年年中，我们初步完成国内 170 多人、国际 150 多人的口述，累计形成 1000 多万字的文字内容和超过 1000 小时的视频。这个规模大致超过了我们计划的一半。所谓万事开头难，有了这一半，我的心里开始有了底气。2018 年开始，将以专题研究、图书出版以及多媒体视频等形式，陆续推向社会。希望在 2019 年互联网诞生 50 年之际，能够让整个计划完成第一阶段性目标。而第二阶段，我们将通过搭建的网络平台，面向全球动员和参与，并将该网络平台扩展成一个可持续发展的全球性平台。

通过各层面核心亲历者第一人称的口述，我们希望“互联网口述历史”工程能够成为全球互联网浪潮最全面、最丰富、最鲜活的第一手材料。为更好地记录互联网历史的全程提供多层次的素材，为后人更全面地研究互联网提供不可替代的参考。

启动口述历史项目，才明白这个工程的艰辛和浩大，需要无数人的支持和帮助，根本不是一个人所能够完成的。好在在此过程中，我们得到了各界一致的认可和支持，他们的肯定和赞赏是对我们最佳的激励。这是一项群体协作的集体工程，更是一项开放性的社会化工程。希望我们启动的这个项目，能汇聚更多的社会力量，最终能够越来越凸显价值与意义，能够成为中国对全球互联网所做的一点独特的贡献。

目录

CONTENTS

访谈者评述

方兴东

我对许榕生不太熟悉，之前也主要是看他的文章，因为我进入这个行业的时候，他基本上不在任何一个平台上活动。胡启恒、吴建平比较幸运，他们有一个平台，许榕生更多的好像是个人行为。

所以，他早期实际上对很多东西非常敏锐，包括做得最早的网站和推动、揭露的一些事情等，但是他的这种个人行为如果缺一个平台，就会缺乏持续性的积累——很多资源的积累、很多机会的积累，所以，后来基本上就很少有人了解他了。但是我觉得许榕生那时候的视野，比早期互联网商业界的这些人还要开阔，观察力也更敏锐。

真正的创业者会去融资，或者积累商业资源，但许榕生是一个学者，他不可能放下学者的身份，所以，他的很多想法也不太可能实现，不能够进行持续性的发展。在学术界，许榕生缺一个平台，一个能够把更多的人汇聚在一起、以他为首的平台。

但是我觉得他早期所做的努力，还是有前瞻性的，这非常难得。包括现在已经去世的、不能再采访、口述的几个人，他们在 20 世纪 80 年代，就认识到了互联网的重要性。这些人虽然互相之间都没有什么直接的联系，但是各自都在努力，所以，我们在梳理中国互联网历史的时候，一定要给他们一个比较重要的篇幅。虽然没有成大气候，但是他们那种奉献的精神、那种敏锐的感觉、那种独特的视野，我觉得还是很难得的。

业界评述

胡启恒

（中国工程院院士）

我认识许榕生是因为他创办了“中国之窗”。“中国之窗”是互联网上的一个应用，在这方面我觉得他是一位先行者，当时新闻界还没有新闻网站。在相关规定还没有出台之前，他已经办了一个中国的新闻网站——“中国之窗”，紧接着各地都办起来，所以他在国外可能有一定的影响。那时候还没有新浪、搜狐，外国人要了解中国的事务，就只能通过这个“中国之窗”。我觉得确实是他最早办网站的，应该承认他是有创造性的，而且是有贡献的。

比特网

《推动中国信息化发展的十个人》

1988 年，刚从美国攻读完博士学位、回国的许榕生，正好赶上北京正负电子对撞机试验成功之际。现代的科学研究从来都离不开计算机网络，当时这个成功的实验项目，在运行过程中需要与国际上很多专家进行交流，急需网络专线，这个机会被许榕生等到了。1991 年中美高能物理合作会谈正式提出建立一条从北京中国科学院高能物理研究所（简称高能所）到位于美国加利福尼亚州斯坦福直线加速器中心（SLAC）的 64kbps 速率的计算机联网专线，以便北京接通互联网。当时高能所使用 X.25 协议，由北京电信局 CNPAC 网可以接通 4.8kbps 的通道，经中美两国技术人员决策，高能所向思科公司订购了 Cisco 3000 系列的路由器，当时进口 IT 设备的手续还很烦琐，这台设备最终于 1993 年 10 月到位。在此之前，一直是由美国 SLAC 调来一台 DEC 公司的路由器做试验，并租用 AT&T 公司的 64Kbps 卫星专线直通美国。经过 18 个月的反复调试，1993 年 3 月 2 日，64kbps 专线线路畅通，1994 年 4 月正式运行 TCP/IP 协议，实现中国互联网的开通。

1993 年 3 月，高能所正式与互联网连通，许榕生博士当时被高能所所长指定为这项工程的负责人。当高能所迈出了中国走向全球信息高速公路的第一步时，国外有人称许榕生博士是“中国互联网之父”，但他本人不肯接受这种说法，只同意说是“中国互联网先驱”。

口述者肖像

口述者简介

许榕生，中国互联网先驱，也曾被赞誉为“中国互联网之父”，还是中国反黑客第一人。曾任中国科学院高能物理研究所计算中心研究员、博士生导师兼中科院信息办专家组成员、中科院高能所网络安全实验室首席科学家。出版了《黑客攻击技术揭秘》《电子商务安全与保密》等著作 8 部。海外华文媒体评价：1993 年许榕生建立国内第一条 64kbps 专线接通国际互联网的意义不亚于詹天佑修建了中国第一条铁路。

1947 年 1 月

出生于福建福州。

1965 年，18 岁

考入北京大学数学力学系。

1970 年，23 岁

到湖南西湖部队农场锻炼。

1972 年，25 岁

进入湖南计算技术研究所，从事计算机编程工作。

1978 年，31 岁

考入中科院高能所，成为硕士研究生。

1982 年，35 岁

进入美国加利福尼亚州大学圣克鲁兹分校（UCSC）学习。

1987 年，40 岁

在美国斯坦福直线加速器中心（SLAC）从事博士后工作。

1988 年，41 岁

应邀回国，到中科院高能物理研究所工作。

1993 年，46 岁

在中国负责建起了第一条互联网专线，获得中国科技进步集体特等奖、中国物理学会胡刚复（个人）奖。

1994 年 5 月，47 岁

推出了国内第一个 Web 网站。

1995 年，48 岁

被推荐为联合国教科文组织网络工作组中国代表。

1996—1997 年，49～50 岁

被借调到国务院信息化领导小组办公室工作一年。

1999 年，52 岁

获中科院科技进步一等奖。

2000 年，53 岁

获国家科技进步二等奖。

2012 年，65 岁

应邀出席达沃斯世界经济论坛，应聘为互联网安全顾问。

许榕生 篇

我所做的其实只是把国外的技术带回中国

访谈：方兴东

口述：许榕生

整理：杜康乐

时间：2014 年 9 月 7 日（15:30—17:30）

地点：玉泉路 19 号乙高能所计算机中心 207 室

文本修订：3 次

光荣与梦想

互联网口述系列丛书

许榕生篇

壹

求学与留学经历

你是 1947 年出生的吧？简述一下学习经历？

* * *

对，1947 年 1 月，我在福州出生，从小就在福州读书。

1965 年我考入北京大学。我是提前一年上大学的，因为自学能力强和参加竞赛获奖等原因，当时学校推荐我去考，考完就被北大要走了。当时北大数学力学系设在十三陵附近，所以我们上课都在昌平那边。我分在数学专业，这个系还有力学专业和计算数学专业，现在北大这几个专业分开了。

后来我在北大待了近 5 年，是 1970 年年初离开的。当时北大、清华的一批人，一起被送到湖南西湖部队农场锻炼了两年。那两年大家在一起吃住、艰苦劳动，虽然是新加入的集体，但大家都同命运，所以感情非常好。

那时候我们北大、清华的学生被要求在部队“天天练”，练什么呢？我们就把那些保存的“业务书”都拿出来看，我还跟清华的学生借书看，跟北大外语系学生借小说看。北大数学专业侧重理论数学，但是我读了清华工科的书，就重视动手去解决实际问题，另外还偷偷读了好几本外国名著，觉得这些结合起来非常好。

在部队农场，我们吃自己种的菜、养的猪、养的鸡，因此伙食是有保证的，这比其他地方的“知青”要强多了，而且我们还有一点工资。但是很多人经不起农场的艰苦磨炼，身体都搞坏了。

那你是怎么到的湖南计算所呢?

* * *

为什么有个湖南计算所？当时有三台国产计算机（X2 机），分别放在北京、上海和武汉，后来武汉这台调到湖南长沙去了。因为需要计算机人才，我们学数学和无线电的人就被分配过去了。

因为那台计算机，湖南计算技术研究所（简称湖南计算所，编者注）才建起来了。那台机器有一间教室这么大，但是它的功能还不如一台 486[1]的计算机。这台机器在当时可是宝贝，我们在上面计算了大坝设计的力学问题（有限元），气象预报的数值计算（流体方程和统计学），等等。

到湖南计算所以后，开始是让我们为各种计算任务编写程序。我们上机都要预约排队，并带着穿孔纸进去。程序怎么编呢？那时候就是一批由原始数字组成的指令，代表加、减、乘、除及逻辑运算，后面跟上内存地址。这个今天称为“机器指令”的编程，是非常基础的，至今这种程序代码还存在于每一台计算机中，但是一般用户不用关注它，我在研究黑客程序的时候才用上。

我们通过掌握手编的机器码语言，跟计算机打交道，可以通晓计算机底层的原理。**当时读的那个纸带都是穿孔的（用纸带上穿孔的位置组合表示操作码、操作数及存储地址——编者注），我们用八进制、十六进制进行解读，别人可能看不懂，而我们看就像读正常的文章一样，就这么熟练！**

后来我到高能所做研究生的时候，研究室遇到一个难题怎么也解决不了，就叫我去看看。什么问题呢？就是从国外带回来的磁带装到中国的计算机上转不动，因为国外用的是 IBM 公司的机器，国内只有其他型号的计算机，后来虽然把它给转起来了，但是读出来都是乱码。

到底这个乱码怎么破解呢？现在我们讲很简单，互联网的 FTP[2]就能解决。但当时从国外把磁带带回来后，耽误了半年都没弄好，研究室就把这个棘手问题交给我试试。我猜想 IBM 的 32 位跟我们国内这台机器的 32 位的定义不一样，于是我就用八进制格式把它打印出来，进行破译。然后我再编一个很短的小程序，相当于现在的 FTP 软件，把位数调整过来，就轻松解决问题了。

我在湖南计算所差不多待了 5 年时间，最后一年还去了干校，在干校的时候我就准备考研究生了。那时候在单位里参加干校的人都是被抽调去的。很多人强调自己年龄大，有家有口的不能去。我当时也成家了，但是领导说："你去吧。"就把我给派去了。

干校里面的任务也是种菜和一些其他的体力劳动。

我当程序员那几年日夜工作，睡得很少，所以经过那一年的劳动，我觉得身体调整过来了。体力劳动不用看穿孔纸带，不用研究磁带，腰椎也放松了。不然，像那个样子日夜干，肯定会把身体搞坏。此外，我正好利用在干校这一年准备考试，考上了中科院计算中心，然后被商调到高能所计算中心做研究生。

生活轨迹基本就是这样的，比较简单，对我来讲还是比较幸运的，起码身体很好。

你是哪一年考取高能所的研究生的?

* * *

我是恢复高考后的第一届研究生，应该是 1978 年考取的。我原来在北大是学数学的，有功底，工作以后，我在湖南的计算所做了几年软件，攻读硕士研究生时准备到中科院计算中心学习计算机模拟，那时候是比较时髦的东西，很少有人关注。

高能所有大量的计算机模拟需要做，他们就到中科院计算中心要了几个研究生，其中一个是我，还有孙玉芳[3]，他也是我的大学同学，计算数学专业的。

我们去了高能所以后，我跟导师探讨怎么做计算机模拟，他说："我们也没做过，但是可以跟你讲讲要做什么模拟，然后你自己去原子能所[4]学，原子能所有一批人一直在做核物理试验的模拟计算。"于是，有一天我辗转到了房山区的原子能所，在门口传达室接待我的老师说："我可以教你，但是你要留在这里。"当时，我真没有留在房山的思想准备。

后来高能所计算中心的导师周锡林教授要出国访问一年，他就让我们各自找导师。孙玉芳说他要回计算所跟着仲萃豪[5]老师做 UNIX[6]操作系统研究，后来他成为中国最早做 UNIX 的人之一。我留下来继续学高能物理，跟随刚从德国丁肇中教授那里访问回来的唐孝威[7]老师学习高能物理实验的模型，自学 Monte Carlo 计算机模拟技术。唐老师（院士）善于用清晰通俗的语言给我描述粒子反应的物理过程，很快把我引入门。我的计算机与数学功力再次让我顺利完成论文，硕士毕业后唐老师就把我推荐到国外去继续深造读博士。

因为当时在国内学习高能物理实验、计算机的条件确实还很不够，所以，到先进发达的国家研读是理所当然的。我在 1982 年 3 月飞到美国加利福尼亚州（以下简称“加州”）的旧金山机场，下了飞机就到斯坦福大学附近的直线加速器中心（SLAC[8]）去了。我正式注册是在加州大学圣克鲁兹分校（UCSC），而高能物理的实验则是到斯坦福大学的 SLAC 去做的。

我们刚到美国的时候还是用计算机终端连着主机，那时终端只有字符，还没有图像。当时一个美国研究生同学在研究混沌现象[9]（Chaos），需要屏幕图形，学校就专门给他配了一个能显示图形的终端。这个终端有点儿像示波器[10]，就是能看到绿色的荧光曲线，我常在上面编个变幻的曲线。后来有一个美国大学生带我到旧金山看计算机年度大展，展会上第一次出现彩色屏幕的个人计算机，就是早期的苹果机。我后来买了一台有多媒体功能的个人计算机，1988 年回国的时候还带了回来，它现在放在展览厅，已成古董了。

进入 20 世纪 80 年代不久，美国就开始有了电子邮件，有人教我怎么发送电子邮件，还交代不要在信中谈个人的事。我还记得我的第一个邮箱地址是 XU@BITNET[11]，那是在 IBM 机器上专门的邮箱，BIT 起于“Because It’s Time”。当时我很想跟在美国各地的同学们通电子邮件、聊聊天，但私人的事不在办公室谈、不占用电话和网络是他们的习惯。

在美国，我印象最深的就是，我们除了学习高能物理，还学习计算机和网络。网络这个东西挺吸引人的，那时候我每天都要跑到机房里去上机，后来有几个美国同学搞来一台个人计算机和一个“猫”[12]。这种“猫”的传输速率才 3kbps，有的甚至连 1kbps 都不到，而且它们看起来很土很大。这几个美国同学在宿舍将个人计算机连上电话线，听着“嘟……嘟……嘟……

嘟……嘀”的拨号、连接的声音，个人计算机就与实验室的大型计算机连起来了。这样他们就可以在宿舍查阅主机上的任务做得怎么样，并根据结果继续再送下批任务作业，就不用跑到很远的实验室去操作了，所以都兴奋得不得了。

我当时还把他们用过的老“猫”借回宿舍，自己在那儿琢磨，拨号到对方的“猫”以后，“嘀”的一声，远程两台计算机就连接上了，很神奇。

20 世纪 80 年代，许榕生在美国连网。

（供图：许榕生）

光荣与梦想

互联网口述系列丛书

许榕生篇

贰

我眼中的硅谷

那时候美国研究生补助费用每月有七八百美元，虽然日子不困难，但也有点紧巴，我们没有什么旅游或中途回国的机会，因为机票很贵。在暑假那几个月我们都去实验室里打工，那段时间收入可以增加一倍，但就一两个月。没有这个机会的人可以做 TA[13]，我们叫 RA[14]，就是助教和助研。这些钱在平时钱不够的时候可以用来应急，比如后来有家属去了，一家人就要搬到外面租房子，当时的房租一般一个月要六七百美元，就得靠那个钱了。所以，有的陪读家属也去打工来补贴家用，但有一点好，孩子可以免费上学。

讲讲你在硅谷那几年的生活?

* * *

硅谷就是那几年发展起来的，我平时到斯坦福大学去，要经过硅谷的主交通线，美国学生就跟我们讲，这个地方将来会很厉害。为什么呢？因为不管是大学的教授，还是研究所的研究员，都可以到那里去办公司，做最新潮的产品。

那时候硅谷可能更像乡村，HP、IBM、Oracle[15]和SGI[16]等公司都是建厂房比较早的，就像现在看到的中关村的园区里，大部分都是电子、电器和计算机类的企业。当时我们看到的还有Sun[17]公司、苹果公司等。

硅谷在1983年、1984年已经很成规模了。我们看到他们刚做的楼盘，花园式的，很吸引人，比校园还漂亮。现在看来，也不见得了。现在国内各地都有这样的高科技园区，附有绿坪、实验室等。但我有一个感觉，在建设地面环境方面我们是学会了，然而硅谷

为什么能成功？就是因为有很多的人才与投资合作，要是人才聚集不到，资金又找不到，光有楼盘、房子、花园，你是做不起来的，这是很关键的一点。

硅谷的高科技能快速转化成产业，这对我的影响很大。中国有人说，做原子弹的不如卖茶叶蛋的，其实是因为很多中国的科技知识成果没有转化出去。仅仅有一些论文成果或初步的样机，人家确实也不认可，担心它们能产生多少效益。我们有很多科研课题做完以后，都锁在那儿，没有办法转化。学术带头人更多关注的是未来的事，关注明年的课题在哪里，因为如果申请不到未来的课题经费就很难过日子。成果转化还需要专门的经费和专门的人才，要针对市场做产品设计，国内的高校、研究所却没有什么人去做这些事情。

我个人一直认为，我们的互联网产业还有很多问题，包括它的应用，应该有很多可以研究和开发的地方，这方面跟国际的差距还是很大的。**我们的用户数**

量很多，但是技术就是技术，你如果不了解这个东西，你就是在很被动地使用它。你买了大量的设备之后，如果不知道这里边的隐患在哪里，遇到问题你就总觉得没把握。

当年国内有人跟我说“人有多大胆，网有多大产”，意指靠互联网赚钱心切，遗憾的是这种操之过急的心态导致了网络泡沫的横生。

光荣与梦想

互联网口述系列丛书

许榕生篇

叁

回国后的工作经历

你正式毕业是 1987 年吧？为什么考虑回来？

* * *

对，我 1987 年获得博士学位，然后又读了一年博士后。说实话，在那儿的工作还没做完，但是李政道[18]教授到我们加州大学的研究所去讲学（李政道当时有一个身份——中美高能物理合作对撞机实验的总顾问，他经常往返于中国、美国之间），跟中国领导人讲，这个国际窗口可以吸纳很多新技术。他说的确实没错，像超导技术、纳米技术、互联网技术等，就是通过这样的国际合作才引进来的。当时很多留学生，包括高能物理所出去的，都是李政道教授刻意安排出去的。

他见到我们这些中国留学生就问："你是学什么的？"一看我是学高能物理实验的，而且是做软件和数据分析的，他就说中国高能物理实验很需要你们。后来，他亲自给我写了推荐信，并授予我他在北京高科技中心设立的一笔基金。

在国内，高能所拥有清华工程物理系、北大技术物理系及中国科大近代物理系对口培养的核物理和高能物理实验的人才，但是当年计算机软件和数据处理技术还没怎么提到日程上，老一代的科学家也没有过现代实验科学十分依赖计算机的体验。所以我到了国外后，美国导师问我希望做硬件还是软件，我就说我要做软件。导师很关照，一直有专人协助我学计算机与网络。通常来说，国内派访问学者出国一至两年，还是不容易吃透高能物理实验庞大的软件系统的。我在美国前后待了七年，**国内希望我回来负责完成北京正负电子对撞机实验的软件系统的建设，并进行数据分析。当时（20世纪80年代）在国内还没有多少人听**

说过大数据分析。

当年在美国学计算机的人还是很有信心在国外发展的，我开始想回来帮国内发展，算是尽一个义务，等工作做起来了我再去美国发展也不晚。结果回国后，我一带研究生就走不开了。我夫人开始不太愿意回来，但是我一个人回国，她又不放心，因为我们这些人都不大会料理自己的生活。后来一家人一起回来了，那是在 1988 年 8 月底。

我们那个时代的人到哪儿都行，最重要的是要有工作，要有成就感。我们有些同学回国，在生活条件方面慢慢都能适应，最主要的就是工作不适应，不适应他就觉得没价值，就想再出国去。高能所有国家的大项目，我在那可以做各种各样的科学实验，可以带学生，工作还是很充实的。

你回来是承担什么角色呢?

* * *

我们首先要把整个正负电子对撞机实验的软件系统“搬”回来，然后对北京正负电子对撞机的实验数据进行处理，通过对数据的统计分析，可以鉴定实验仪器的性能和运行操作的正确性，再对处理过的数据进行物理模型分析，从而得出我们期望的物理结果。我的工作就是先把软件系统固定下来，然后告诉大家怎样一步步操作，同时培养一批年轻人。

之后高能所很快就给我提副研、正研了。本来是要有一定工作年限后才能提正研的，但是我做的工作确实是很重要，而我做的东西也很到位。当然，那时我睡觉可是不多的，更无法花很多时间在孩子身上（结果两个儿子很独立，他们都发展得不错）。我的功底是北大的老底，别人做不了的我们敢做，包括将软件移植到中国，因为我们在美国时用的是 IBM 机型，高能所用的是 DEC[19]的 VAX 11 机型。这个迁移过程有很多细节，都需要靠自己一个人做。在美国的话就不需要，因为在美国这些东西都有人做好了，大部分人只做最后的物理分析即可。在中国我就需要花很多时间重新规划计算机接口，并亲自安排数据分析的细节，包括组织团队。我当时被任命为高能所“数据组”组长，那些年的工作也给了我很多的锻炼和收获。

光荣与梦想
互联网口述系列丛书

许榕生篇

肆

困难重重的国际联网

你回来以后什么时候开始说要接入互联网的？

* * *

我回国后第二天就到研究室先把高能物理实验的软件和数据分析做起来。美国的合作者到北京一看我在这儿做软件，经过考核很快确认能够对接。他们需要协助北京更新发展软件和进行物理分析，但不能长期在中国工作。在中国的美国人每天都要往国外打电话，但是那个电话费太贵了，他们不好意思用，于是就提出来说能不能连互联网，用来发电子邮件，还可以随时查看美国学生的作业。我跟他们说这个事我们也很希望能够办好，但是有一点难度。

中美建交以后，第一个谈判的项目就是中美两国的高能物理合作，这样的谈判会每年都要开一次，一年在中国开，一年在美国开。在 1991 年的中美会谈上，美国科学家正式提出来，要建设一条中美之间 64kbps 速率的国际联网专线，以便解决数据传输与通信上的问题。当时科学院的院长是要参加中美高能物理会谈的，那时的院长是周光召[20]，有的时候他不在，就其他院领导去，美国这边就是能源部方面的高级官员出席会议。

因此，提出启动中国互联网就是基于科学研究与合作的需要。北京正负电子对撞机做出来以后，全世界很多合作者都要用它的数据，包括美国很多要做研究的教授和要毕业的研究生，他们说可以到中国去做，因为中国有数据。

这个项目是在 1991 年正式被提出的吗?

* * *

我记得是在 20 世纪 80 年代末，我刚回国的 1988 年，那个时候他们已经跟我谈这些事了。到了 1989 年的中美会谈（5 月底 6 月初），会议开到一半时因故中止，美国人匆忙回国了。建设互联网这件事就被推迟了整整两年，到 1991 年才又重新被提出来。

当时我们所长郑志鹏[21]跟我说，中美会谈谈到接入互联网这件事，现在他们真的就要做了，他看我跟美国专家挺熟的，就让我去做这件事。我原来在高能所物理一室，这样我就被调到高能所计算中心担任副主任一职，那时计算中心有 30 多人，负责维护大型 DEC VAX 11 主机及所内 FDDI 布线联网（一种局域网）。高能所开通互联网的任务就在此后大步推进了。

1991 年，科学院副院长胡启恒[22]牵头，联合清华、北大、科学院三家，做国家示范网络工程，他们也在做开通国际互联网这个事情。我们是希望等他们开通了，直接找他们就行了，但是他们因为遇到意外耽搁了，我们只好和他们同步做开通国际互联网这个事。中关村遇到的问题是光纤不通，电信部门在等待上级部门批准；再一个是世界银行[23]支持的经费没到位。

我们一样需要有专线到高能所，去找北京电信局时他们第一个问题就问，为什么要用专线，我们说需要跟美国传输数据。他们说："你们那边有几条大号线，速率都是 4.8kbps 的，你们多弄几条电话线不就可以了吗？"我说这个不行，我们是要 24 小时传数据的。他也没听懂，就让我先填表。我一看我们排在第九号，前面有八家，都是租 64kbps 专线的，但全部都是跨国企业，像 IBM 公司等，他们因为平时长途电话费太贵，所以就弄了一个 64kbps 专线包月，传真、电话可以随便打。还有三家是日本公司租专线传数据，电信局的人说也不知道他们在传什么，一天到晚不停地传。我们就知道了，日本公司能用专线来传数据，这事儿可以做。

但是电信局的人问我们高能所在哪里，因为前面那几家都在城里，而我们在五棵松外。他就说："你这个要等他们试一试，你把表先填了，等专线做好了你们再交钱。"那条线其实真的很贵，但是我们也顾不得了。刚回国的我没什么经验，也不知道这件事能不能做成，但是既然把这个任务交给了我，我就得好好做。

64kbps 速率的专线必须用光纤，才能保证通信质量。北京电信局告诉我说，目前开通这条 64kbps 专线有点困难，让我们先用 X.25[24]协议的专线，这条专线刚升级，名为 CNPAC[25]，很稳定，也便宜。这条线确实可以用，但是它的最高速率只有 19kbps，一般稳定在 9.1kbps，只能通电子邮件。在 1993 年开通 64kbps 专线之前，国内跟外国之间已经可以通电子邮件，除了高能所这一家，还有其他几家都通过不同的渠道试验了多年。

64kbps 专线的调试陆陆续续地进行着，一会儿通，一会儿又不通。光纤不通，怎么通 64kbps 的专线呢？美国人曾把 AT&T 公司[26]的人叫来一起弄，美国 AT&T 公司有个 64kbps 的卫星国际通道，在三元桥附近落地，再接入北京电信局的光缆系统。当时的光纤可以通到我们附近的电话局，但我们离五棵松电话局还有 5 千米的距离。于是北京电信局想了一个办法，即采用两根电话线加上基带“猫”的办法，这在原理上是可以的，但要克服通信噪声的问题。电信部门就一步步调试，慢慢地使误码率达到了 10^{-8}（连续 24 小时内），这才通知这条线可以用了。这是在 1993 年 3 月 2 日，电信部门整整调试了 18 个月的时间。

当时我们直接就跟美国斯坦福直线加速器中心的路由器对接，通了之后不久突然又断掉，这次不是我们这边断的，是美国那边断了！在高能所的外国人一个电话就打到美国去了，证实是美国那边切断了，当时他脸上有些尴尬。后来几个美国教授就过来了，我们听他们说这个问题是怎么回事，才知道确实是美国那边的政策问题。

后来美国的教授告诉我，说他们也是美国的几家研究所和大学联合起来做这件事，虽然通过了美国能源部批准，但是美国的国防部、商务部就认为中国当时是“社会主义阵营”里的，是第一个要连到互联网里的社会主义国家。当时美国政府还没想过这些。但是美国科学家不管这些，他们几个商量以后，马上打电话的打电话、写信的写信，告诉美国政府部门这是一个科学实验的合作项目，我们需要开通互联网。

这样，美国那边做了些工作，能源部出具了一份文件，希望双方签下合同，对中美的这条专线做了一定的限制。这个合同是赵维仁[27]副所长和我一起去跟他们签的。赵维仁是老一辈著名核物理学家赵忠尧教授的儿子，清华大学毕业，英文非常好。然后我再去签技术方面的协议，仔细阅读了这条专线的限制和技术上的要求。

我就记得协议里有两条是最重要的。**第一条是不能用于商业活动，仅用于科学交流；第二条是强调不能在这个网上从事军事活动，包括核武器、生物化学武器这方面的用途，要维护这个网络线路的安全，其中包括不要散布病毒和不能有黑客行为。**当时国内很多人知道什么叫病毒，但是“黑客行为”还很抽象。因为我在美国工作期间，使用美国人的 ARPAnet 网[28]，知道有几次黑客进来造成了故障，可以理解美国人对这个很担心。因此，我对互联网的安全管理从观念到措施一直就没有松懈过。

光荣与梦想

互联网口述系列丛书

许榕生篇

伍

全功能接入互联网的时代

我签这个合同的时候，就已经注意到美国人非常担心网络安全问题，因为网络的脆弱性，以及它所肩负的重要使命，导致它需要一批非常明白的人来管理，当时我充分意识到了这个问题。美国教授后来非常客气地跟我们说，并不是说担心中国有黑客来攻，而是怕有人借道进去。实际上我们联网不到几个月，就发现有人非法登录到美国去了，正是外来的人借我们的机器进入美国能源部的网络。

我觉得人家的提示是有道理的，就我们自己而言，将来网络设备也会受到黑客各种各样的攻击，内部也可能有人进行网络犯罪，所以，我作为技术负责人当时就比较警惕了。1996 年我被借调到国务院信息办的时候，走了很多的省、市，考察各地网络运营商的管理，看他们怎么去做网络运维，我感到问题比较严峻。因为他们对网络了解深度不够，或者说他们不太关心未来面临的挑战，而关心的是如何扩大规模、创收，网络就跟滚雪球一样在各地滚起来了，盲目性很大。

后来美国的技术人员告诉我，他们在网络的入口设置了监控，我就知道互联网是可以监控的，这个现在大家都知道了。1993 年 3 月 9 日之后，第一条中美计算机网络就真正畅通了，但是美国那边一直对它实行监控。

当时 64kbps 专线的一个月租金就要 4000 美元，中方出 2000 美元，美国出 2000 美元，合作的规定就是大家一人出一半。这也比以往合适，为什么呢？当时国内的传真、电话都很贵，用 4.8kbps、X.25 线路通信，一个月就要 20 万元，而且只能传一点点内容，文章可以传，实验数据就传不了，还是要将其做成数据磁带背过去。所以，**我们说 64kbps 专线开通的时候，就结束了背磁带的时代。**

当时有人特地从美国过来采访我，他写了一段话，说 64kbps 专线结束了背磁带的时代。因为我介绍说**我们当时把磁带背来背去，和唐僧背经书回来没什么区别。一般坐飞机出国，每个人都要负责在包里装上一大批磁带，磁带上还要写明是什么东西，到海关的时候，海关的人要看半天，把磁带等东西检查一遍，非常麻烦。**我们事先还要找人开证明、签字，海关才放行。所以专线开通之后，这样的一个时期就过去了。

除了每个月的通道费 4000 美元，还有开通线路的工程费。因为我们是第一家开通的国内单位，北京电信局就没向我们要工程费。为了开通高能所这条专线，他们花了一年多的时间，找了一个小组，花了 5 万多元课题费，研究 64kbps 的“猫”怎么过渡。本来电信局有意要高能所出这个钱，但是后来考虑到中科院率先开通互联网的功绩，他们就不用我们承担这个费用了。当年邮电科学院的熊秉群[29]院长在这件事上起了积极的推动作用，他的父亲是著名的数学家、教育家熊庆来教授。我是在参与大唐电信企业[30]组建的时候与熊秉群院长认识的。

高能所开通互联网后，连续培养了多批网络安全的硕士、博士研究生。他们毕业后多数在国内的关键部门发挥了作用，包括国家各部委和专门机构，在核能、电力、外贸、交通及金融等领域成为技术骨干人才，同时高能所也为企业输送了一批带头人。

（供图：许榕生）

郑国瑞教授，高能所原计算中心主任。他在访问美国斯坦福直线加速器中心时，曾与计算中心主任Les Cottrell教授会面。1991年他们在规划中美计算机联网专线时，决定让高能所购买两台思科路由器（Cisco 3000 系列），近两年后这两台设备才被允许进入中国。美国的Les教授在中美第一条互联网专线的开通上建立了卓越的功绩，并在多篇文章和回忆录中对其有所提及。

（供图：许榕生）

所以你觉得 1994 年 4 月作为全功能接入互联网的时间点是合适的?

* * *

对，因为这个时候的互联网技术已经实现 TCP/IP[31] 的全部功能了，到 64kbps 专线、TCP/IP 和国际域名确定后，3W[32]网站等就能全面做起来了。

1993 年 4 月之前，虽然从技术上来看，我们实现了 TCP/IP 的畅通，但是域名不在自己手里。斯坦福那里只允许我们进入美国几个点，就是有关科学实验的几个大学，包括斯坦福大学、MIT[33]，但换一个纽约的大学，我们就进不去了，所以说当时我国只是部分进入了互联网，不能说全线开通了互联网。

4 月中旬我在西欧高能物理中心（CERN[34]）访问，认识了 WWW 的发明人 Tim Berners-Lee[35]。我就在他原来的办公室上班，用他原来的桌子，上面还有许多他的书和资料，包括那本成就他的有关“超链接”的英文书。Tim 当时看上去只有三十多岁，他在图书馆做检索系统时，使用了“超链接”技术，在互联网到来时他敏锐地设想了将超链接延伸到联网的计算机上，而不是仅在单独的一台计算机里调看文件。他搬到一间大的办公室后，还经常回来拿邮件和书，他看我来自中国，就很友好地跟我聊天、介绍 WWW 技术，送了我那份被称为发明的论文复印件及讲课用的一套透明片。每天他都收到世界各地寄来的祝贺信、感谢信、请他去讲学和访问的邀请信等。我记得他给我解析了 WWW 三个字母的起名缘由，并通知我参加 4 月 15 日在 CERN 举办的第一届全球 WWW 技术研讨会。那个会人山人海，气氛活跃，处处都是兴奋无比的各国参会者。作为中国人我也很激动，尤其 Tim 在开幕时打出一张世界地图，表示凡有互联网的地方都将装上 WWW 服务器，特别指着地图上的中国说这里也将装上 WWW 服务器，几小时前我告诉他中国已正式加入了互联网。

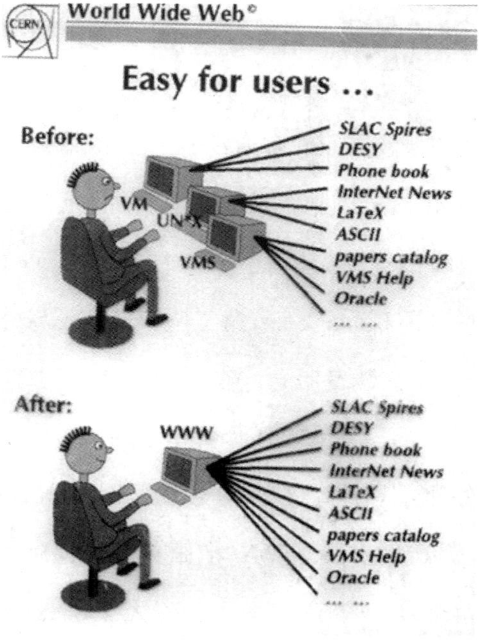

Tim Berners-Lee 送的讲稿胶片，WWW 创意尽在其中。

（供图：许榕生）

那个时候中国还没有很多互联网用户，64kbps 专线用起来还是可以的，中国的第一台 WWW 服务器是我在会议期间从瑞士会场通知了北京高能所建立起来的。当时高能所只有几台 VAX 11 主机，不方便安装 WWW 系统，我让他们调用我的一台 486 个人计算机，在上面安装 Linux[36]操作系统。由于高能所的专线已开通了一年多的时间，高能所的一批年轻人通过网上学习早就掌握了 Linux 知识，有三位年轻人还写出一本叫作《Linux 大全》的专著，名扬社会（他们三人被称为 Linux“三剑客”）。高能所计算中心的二十多岁的女生樊岚[37]当时刚刚出国，在美国弗吉尼亚的 CEBAF 研究所工作，她协助安装了 WWW 服务器的程序，并为高能所设计了第一个英文网页，附上了唯一的一张图片，图片上的图案是她随身携带的纪念北京正负电子对撞机的邮票。几天以后全球就发现了来自中国的第一个 WWW 网站——http://www.ihep.ac.cn/。

高能所于 1994 年 4 月设立了 WWW 服务器（中国第一台），附图是当年的网页（设计者是计算中心的女生樊岚）。这台服务器（486 机器）现保留在中国电信博物馆。

（供图：许榕生）

中国第一台 WWW 服务器陈列在中国电信博物馆。

（供图：许榕生）

2015 年，许榕生教授于中国电信博物馆，他保留的中国第一台 WWW 服务器就存放在这里。服务器里运行的是 Linux 2.0 版本。博物馆还展示了“中国之窗”网站早期网页的内容。

（供图：许榕生）

中国第一个 WWW 网站创作人樊岚女士近照。

（供图：许榕生）

当年国际光子会议在北京亚运村召开，我们做了互联网视频实况转播。当时的困难主要在于怎么把视频传给对方。我们就在天上挂了几个“锅”（天线），将会场的摄像视频传到高能所的一个服务器，再用 **64kbps** 专线传到美国的一个镜像点，就完成了。美国人说我们在这么差的条件下也能转播成功，真是很了不起的一件事。这些都是我们启用的高能所的一批年轻人做到的。

1995 年 8 月 20 日至 26 日，国内第一届互联网技术研讨会于北戴河举行，由中科院高能所主办。许榕生教授在会上做了第一场关于 WWW 技术介绍的主题演讲。第一排左一为时任高能所计算中心主任的李伯民教授（会议主席）。

（供图：许榕生）

光荣与梦想

互联网口述系列丛书

许榕生篇

陆

中国的第一批电子邮箱

1992 年，中关村的网络一直在国际出口那儿被卡，国家自然科学基金委让一些课题负责人用拨号方式到高能所上网，我们当时只有几个号，所以，建议周光召院长拿 10 万元修一条中关村到高能所的专线，这样他们就不用拨号了。当时是理论物理所郝柏林[38]院士等人写了一份材料给上级批准的。郝柏林教授有一次专门到中关村网络研讨会上演讲，强调说当今如果一个科学家还没有开始读互联网上的电子出版物（Preprint），那就一定不算是一流的科研人员。这句话引起了很大的震动，当时多数人还不相信这的确是一个精准的判断。

国家科委信息司 ● 中科院高能所 ● 福建省科委

联 合 主 办

INTERNET 世界

第1卷 第2期 电子预印本 *Volume* 1 *Issue* 2

* * 网 * 上 * 地 * 址 * * http://www.ihep.ac.cn/magzine

* * 欢 * 迎 * 访 * 问 * *

福建省科技信息研究所 中南电子系统公司 承办

杂志社地址 ：福州市湖东路11号 邮编：350003

电话：(0591) 7857288 传真：(0591) 7856468

电子邮件地址（E-mail）：editor@sun.ihep.ac.cn

iwbjb@jsjb3.fjinfo.sti.ac.cn

北京办事处地址 ：北京市918信箱（图） 朱爱民

电话：(010) 8231229 邮编：100039

1994年至1995年，国内出现第一份互联网杂志刊物，此刊物内容为介绍互联网技术的发展与动态，后被国家科委下属企业万方公司收购。

（供图：许榕生）

拥有第一批电子邮箱的人都是哪里的?

* * *

这些人开始就是国家情报所的，还有中国科学技术大学的几个合作教授。我们跟北大、清华比较近，科大在安徽，交流不很方便，我们说：“你们回去拿个‘猫’试试看嘛。”于是，我们就给他们开了邮箱。当时开户还不是自然科学基金委[39]给批准的。

后来那些自然科学基金课题负责人、教授在高能所这里开户的时候，我保留了一本用户名单，这就是第一批中国的电子邮箱名录，名单都是基金委给我的，有近千名用户。高能所早在 20 世纪 80 年代就曾成功试验过收发邮件，而 20 世纪 90 年代是在 64kbps 专线下的终端上网，允许大批人员使用电子邮件，甚至从家里用“猫”拨号进来（成为一个仿真终端），他们登入的邮箱都在高能所的主机上。在中关村网络中心和教育网（CERNET[40]）正式开通之前，大家都是用的高能所的邮箱。不久，邮电部开通 64kbps、128kbps 专线，商业用户的上网正式开始，互联网史开始又一个新阶段。

这些早期用户中有很多是科技教育界的权威和领导，后来他们写过好几份报告，都是关于建议尽快推广互联网，希望国家统一规划的，这里面我们也算有历史贡献吧。**回顾那段历史，我曾经说过，1993 年高能所引爆了一颗威力巨大的“试验炸弹”，它不是核炸弹，而是一次影响深远的“信息爆炸”。**

20 世纪 90 年代，高能所邮箱有近千名用户。

（供图：许榕生）

这个自然科学基金委项目是怎么回事?

* * *

自然科学基金委每年有课题项目交给全国各地的专家学者，因为他们做课题时打长途都贵，如果用上电子邮箱不但节省费用，而且方便与世界接轨。1992年，我到基金委介绍互联网与电子邮件功能，基金委领导当场拍板给高能所30万元，让我给基金委的课题负责人开通邮箱。这个是要费用的，为什么？因为要加几个“猫”，要加几个大号电话线（分机号不合适）。高能所当时只有三个大号电话线，可是我一下就要近二十条电话线。当时，申请一条电话线需约5000元，买一个“猫”5000元。

这些人的名单列出来会惊呆国人，因为他们都是当时的教授、校长、系主任等，现在很多都是院士。

名单中也有个年轻小伙子，他是天文学博士，到我那里只是帮他们的导师、所长来开邮箱账号，但他却很感兴趣，跟我说能不能也给他一个账户。我一看，原来的名单上没有他，但是我很愿意给他开个试验账号，为什么？我需要他给我们反馈，就单独给他办了。这个人叫朱进[41]，现在是北京天文馆馆长，当年非常热心上网钻研，并及时给了我们很多技术上的建议。除此以外，我也聘请了英文很好的郝欣博士（Cindy Hao），请她把英文的用户界面做了精确书写，因为在高能所上网的人里有一些国际合作的科学家。高能所专线的消息传到了美国驻华大使馆，他们也急于要一个电子邮件账号工作，派人开了证明到高能所找我，我让他跟外事办打个招呼，短期用了一阵，我记得他们的用户名有“Embassy”[42]的字样。

这批用户应该是国内第一批上网的吧?

* * *

这批名单的用户应该是第一批成规模上网的。我后来写过一篇回忆文章[43]，说这是中国第一批互联网冲浪的人，以教授、研究员为主。

这些用户上网都非常踊跃，电话线经常被占满不够用，高能所不可能完全满足他们。当时我们计算中心的一个年轻人（安德海[44]，系统管理员）编写了一个小程序交给用户，让用户预先将上网操作的步骤写成文件，只要拨号后送入这个文件，主机就会自动完成用户的操作，从而大大节省上网占线的时间和费用。费用是这样的：用户一次性交些建户费，月费就算了，但他们需要自己向电话局付电话费，尤其是外地的长途电话费。

中国第一个WWW网站系统管理员安德海。

（供图：许榕生）

很多用户还很怀念我们，因为我们不是做生意的，我还特意交代下属，我说："这些都是我们的老师，你们一家一家、一个一个去帮他们操作。"一些女生到那些老先生家里去，耐心帮他们装软件，教怎么用"猫"，让用户很感动。用户多年后遇到我还要我向小吴、小马等人问好。**我们这些人有时还需要去帮用户买"猫"，在中关村到处打听，那儿有各种各样的"猫"。"猫"的对接有点儿困难，需要调试才能接通，大家都是在**

实干中摸索出来的。今天这些上网的软硬件都已经嵌入到计算机、手机中，使用起来很方便，现在的用户可能想象不到当年“冲浪人”的困难。

你跟钱天白[45]接触多吗?

* * *

我跟钱天白教授一般就是开会的时候碰到一起。他那个部门属于兵器部，对外联系少，接触的机会不是很多。他们很早开始研究互联网，比如这个东西到底怎么回事、将来国家该怎么做、如何注册域名等。国际上的会议，钱天白他们都能够去参加。但当时很多人对域名这个问题没兴趣，他却有这个眼光，认为这个东西将来肯定是需要去做的。因此，他替我们国家注册了顶级域名.CN[46]。不久，他不幸早逝了。

光荣与梦想

互联网口述系列丛书

许榕生篇

柒

《电脑报》让我成了“牧师”

你在《电脑报》写专栏是什么时候?

* * *

当时我们在全国各地宣讲互联网，有一次我在成都，结果重庆的一帮人专门开车到成都，把我给“绑架”走了，要我去重庆讲互联网。他们大部分是情报所的人，知道新兴的互联网技术的重要性。国内情报所系统也是最早关注互联网应用的部门，因为他们有远程检索的需求。我曾帮国家情报所和福建情报所做了早期联网的开拓工作，认识了一批互联网先驱者，完成过卓有成效的工作。

我到重庆举办讲座那次，重庆《电脑报》的主编陈宗周[47]专门请我到报社看看，说他们晚报要开辟一些新的内容，听完我讲的互联网，他觉得这是个新题目，很有意思，问我能不能协助他来办这个专栏，因为他不太懂这个东西，想请我们写一批文章。我说行，找我们技术人员每个人写一篇交稿，后来《电脑报》开辟了国内第一个互联网专栏，头几版就是用这些文章。然后慢慢地他们就开始自己写稿、组稿了。

这里还有一个故事，有一次我和陈宗周聊天，还有一个外国人说我这样到处宣讲互联网很辛苦，但是很有意义，这在国外就相当于 Internet Father[48]，人家的原意是说我像传教士、牧师一样，但是陈宗周后来在网上、报纸上用了一个不太合适的词，说许榕生是“中国互联网之父”。后来我一直纠正这个事，说这个“之父”不能随便用，要在学科里面有建树、有学派才行，这个词不能用滥了。我们很多学术领域的大师都不敢这么说的，我学习和积累了这么多年，当然知道这个道理。

后来我就关于“我是中国互联网的牧师”专门发了一篇文章，让大家说我是一个网络“先行者”也好，或者是“先驱者”都可以，但是“先驱人物”就不太好，先驱人物都是死掉了的。（开玩笑）

你作为“中国互联网的先驱”，后来的兴趣为什么不是建网站，而是网络安全问题？[49]

* * *

互联网的发展有个背景，当时国内很多人并没有注意，那就是互联网在 20 世纪 80 年代只是科学家们自己在用，20 世纪 90 年代才趋于商业化，技术专家知道这个网络在技术上是不成熟的，它还没有做完，可以说是个半成品。

当初设计这个网络的时候，使用者都是科研人员，网络为科学研究提供共享、开放的环境，内容很单纯，用户也很纯洁，大家都是“良民”，不会用它去做坏事。

可是一旦在全社会范围内使用网络，信息内容范围和数量变了，用户也变了，诸如知识产权的保护、个人隐私、交易安全等原来都没有深入考虑的方面，这时就会出现问题。

但是网络太诱人了，特别是 WWW 技术出来以后，种种商业化的可能让投资者和创业者再也坐不住了，局面就没法控制了，网络一下子全面开花了。随着时间的推进，学术型网络所暴露的问题就像科学家所预言的那样纷纷出现了，类似网上病毒、黑客入侵等现象层出不穷。这是网络天生的、遗传的缺陷，不是一两天能改变的。

光荣与梦想

互联网口述系列丛书

许榕生篇

捌

黑客题目越做越有意思

讲到安全问题，因为我当时是研究员和教授，要带研究生，我判断互联网技术本身是不容易带研究生的，但网络安全是可以不断出题目做下去的，而且如果做密码研究，我的数学功夫都可以用上。1998 年，我们有一个“黑客入侵防范研究”的课题，我就成立了一个网络安全小组，吸纳研究生加入，后来形成了一个实验室[50]。

其实这个课题也不是我们主动申请的，当时正好胡启恒副院长找我加入中科院信息化领导小组顾问组，同时加入的还有软件所卿斯汉[51]研究员，他是网络安全方面的资深专家。当年中科院领导已经意识到网络信息安全的重要性。不久，中科院高科技局设立了一个网络安全的重大项目，包括密码学研究、安全操作系统等几个方向的内容。科学院的国家密码重点实验室，还有软件所的安全操作系统研究等都处于国内领先地位。中科院网络中心主管全国的域名服务器，也要保证网络工程的设计安全，希望通过这样一个课题造就一批科学院的网络安全人才。当时在中国还是第一次做这样的课题，科学院高技术局局长桂文庄[52]把我也叫去了（他是我攻读硕士期间认识的同学），说我们高能所做互联网比较早，让我也做个子课题。我当时就定在网络防止黑客入侵的方向，后来胡启恒副院长批准把这个题目定为“黑客入侵防范的软件研究”。

该课题总经费 1000 万元左右，给我们的钱是最少的（35 万元）。不过我觉得这个题目非常及时和重要，它奠定了我们网络安全研究的起步基础。这个黑客入侵的研究一直做到现在，近 20 年了，越做越有意思。**黑客现象是对信息社会的极大挑战，并且涉及网络对**

抗及意识形态背后的很多东西，再说网络犯罪现在都离不开入侵防护，包括我们现在做的很多是网络调查取证，这都是针对黑客行为的。

在以后的诸多课题里，我先后培养了 18 位网络安全博士和几十位硕士，他们今天大多数都在国内重要岗位上。网络安全需要高手，我的很多朋友的技术水准都是黑客级别的，他们喜欢跟我聊。早期的网络攻击比较简单，比方说怎样把一个计算机的用户密码解开，如果被窃取的是超级权限，自然危险性最大。从社会工程学[53]来讲，就是如何把系统权限“骗取”过来。现在计算机系统加了很多补丁，直接入侵比较困难，但用钓鱼、木马及社会工程学的方法去偷账户密码变得比较普遍。还有很多攻击硬件的黑客，甚至把医疗中的心脏起搏器都给控制了。这些技术在黑客大会[54]上被公布，直接威胁到今天物联网的安全。

你去参加过黑客大会吗?

* * *

没有。但是他们一帮人来过中国，是我请他们来开了一次论坛。2011 年，在无锡，我请了世界各地十几位参加过黑帽大会[55]的人过来，也请了国内十几个高手，他们都是比较有能耐的人。会开了两天，内容很精彩，国内的会从来没有这么生动深入过。

这种会官方出面开不太好，只能以民间的形式来开。我邀请这十几个人过来，就是以个人名义写了邀请函，然后签上我的名字。这些国际黑客高手基本都是第一次到中国来，觉得中国很新鲜，纷纷表示非常激动。他们留下了很多故事，这里就不多说了。

美国黑帽大会主席 Jeff Moss 走访中国高能所，与网络安全专家共同讨论关注的问题。位于图片中间高个子的人为 Jeff Moss。他是全球著名的黑客，现任美国国土安全部顾问。

（供图：许榕生）

安全这块，你现在怎么做研究?

* * *

现在我们的课题比较多，课题组变成了实验室，这个实验室在2013年也成了北京市的网络安全重点实验室。我的学生是这个实验室的主任，我作为实验室的顾问，平常的职责主要是国际交流、对外合作，具体课题任务由年轻人来做了。所以，我每年都要到国外开会，跟国外同行交流。

国内现在开展云计算运行的机构很多，但是能够接触云安全这个问题的人不多，所以，我们加入了国际上的云安全联盟[56]，跟他们进行交流，了解他们目前做到什么程度。国内云计算被炒得很热，建了很多机房，但是在运行时遇到很多问题，包括安全问题。情况基本就是这样的。

近年来，中国一批院所的教授、研究员亲自解决了一些重大的网络安全问题。照片中自左至右为：香港大学计算机取证专家邹锦沛教授；许榕生教授；湖北警官学院麦永浩教授（他获得计算机与法律的双博士学位，并负责处理了“熊猫烧香案”）。

（供图：许榕生）

我觉得你心态比较好。

* * *

这得益于我的中学数学老师，他叫池伯鼎[57]。他并不是教我们班的，是一位特级教师。在数学竞赛里面，他指导学生，我们可以随时到他的教研室或他家里去。

他的叔叔是池步洲[58]，就是当年破译了日本密码的那个池步洲。他的故事很精彩，第二次世界大战中他连破日本人的两个密码，一个是夏威夷珍珠港的袭击迹象，另一个是山本五十六的出行。在第一次破译袭击珍珠港事件的电报时，美国人不相信，结果吃了大亏。第二次信了，山本五十六乘坐的飞机被打下来。

池伯鼎老师讲课非常风趣，听他讲课就跟听相声一样，常常让学生笑得不得了，那些不喜欢学数学的

学生都喜欢上他的数学课。他就是这么一个智慧加幽默的老师，当然大家也觉得他很威严，实际上他是表面装的，内心其实非常善良。这么一位伯乐无疑对我的一生影响都非常大。尤其当年（1965 年）他推荐我提前上大学，为后来我取得高能物理的硕士、博士学位奠定了重要基础。

此外，我在美国读博士和博士后期间，跟一批国外高能物理的教授、研究生一起度过的愉快的几年，也让我深深受益。他们快乐幽默，专心致志地做科研，团队合作精神非常强。在几十年后聚会时，我到美国的实验室（SCIPP）看到他们科研的飞跃发展，既实干又先进，曾经共事又久别重逢的激情依然是那样感染着我，年迈的导师和老教授几乎都返聘工作在科学研究的第一线，使我突然感到倍加年轻起来。

（本文根据录音整理，文字有删减，出版前已经口述者确认。感谢刘伟等人为本文所做的贡献。）

语 录

○ 如果联网计算机不采取安全防范措施，只要它是开着的，总有一天会成为黑客的猎物。[59]

○ 大数据不是万金油，一用就灵。大数据的魅力，是在海量的数据中筛选出自己想要的数据。[60]

○ 国家投这么多的资金到网络安全课题中，我应该考虑市场上的投入产出比，既产生社会效益又能产生经济效益。所以我的脑子里始终有两根弦，既要考虑技术如何达到国际先进水平，也要考虑得到回报。我要做的首先是完成国家的科研任务，培养好新一代的高技术人才，同时我也在运作多种资本。这是科研本身的需求，同时也是科技成果走向社会、取得社会效益的需求。[61]

○ 我所做的互联网工作其实只是把国外的技术带到中国，严格意义上说是一次复制，并没有技术领域上的突破，但是这个“第一”在中国毕竟是令人兴奋、具有意义的事情。所以，我对当年毅然选择回国无怨无悔。[62]

○ 不可否认,黑客在计算机发展史上有自己的贡献。但是，互联网就像高速公路，是公共设施，不是属于几个人的，不能因为所谓的“有理”就攻击网站，妨碍别人利用网站的资源。行侠仗义的强盗也是犯罪。在现实中，如果你不从门进去，而是打碎玻璃进屋，马上会有人说，这样不行；可是在网络中，这么干的人却被崇拜，这主要是因为掌握黑客技术的人少（他们或许崇拜的是技术，并不是方法和结果——编者注）。[63]

○ 如果我面前有两个素质一样的好学生，让我二者取其一，我要观察他的成才是家庭教育的结果，还是亲朋好友帮助的结果，抑或是自我专注努力的结果。我最欣赏最后这一种。[64]

链 接

“中国之窗”的由来和发展[65]

许榕生

1993 年 3 月，中国科学院高能所 64kbps 专线开通，我国第一条互联网通道开始投入运行。

第二年（1994 年）的 5 月 15 日在日内瓦西欧核子研究中心（CERN）召开第一届国际 WWW 会议，我应邀访问那里并出席这一历史性的会议。西欧核子研究中心是互联网上最重要的应用 WWW 的发源地，发明者 Tim Berners-Lee 利用国际互联网实现了分布式信息存储和全球检索的功能，它的出现导致了 20 世纪信息革命的到来。会议期间北京高能所建立了中国第一个 WWW 服务器，当时在世界各地的 WWW 服务器还为数不多。

我国 WWW 服务器一出现，就有众多国际上的读者通过网络日夜访问这台服务器，说明了全世界了解中国的渴求，尤其对到中国来旅游观光的信息、到中国投资和合作的信息，以及对中国文化和政策等方方面面的情况均有着强烈的兴趣。计算机多媒体技术日新月异的发展，促使现代信息的内容以图文并茂、声音动画的方式来表现，令人耳目一新。然而，数字化的图像、声音文件由于容量大，给网络通信提出了新的更高的要求，通常的通信速率已不能满足国际计算机互联网络的需求。基于我国还是一个发展中的国家，无疑在短期内，国际出口信道在两个方向都不太可能胜任像 WWW 这样超级通信量的需求。怎样才能在现有的条件下不失时宜地抓住时代赋予我们进行大规模信息交流的使命?

建立互为镜像关系的“中国之窗”服务器正是为解决这一暂时或是长期的困惑应运而生的。“中国之窗”设想在全球几处放置它的服务器，包括北美（http://china- window.com/）、欧洲（网址待定）、亚太（http://hongkong- window.com/）及中国本土（早先设在北京高能所，后移至更便于社会用户浏览检索的网址 http://globalnet.intercom. com.cn/，邮电部的 B 类代理“世纪企业”互联网），统一存放由国内制作的信息内容。北京作为主服务器的存放地，同时也鼓励全国各地区分别设置“中国之窗”的镜像服务器。每天“中国之窗”主服务器上集合着各地送来的网页，同时及时镜像到相应的服务器上。国际国内分别就近浏览，避开了网络线路瓶颈的困扰，明显提高了中国信息的浏览率。

1996 年年初我应邀出席亚太地区网络信息工作会议（APNG，于新加坡召开），专题介绍了“中国之窗”的创作，被大会肯定为发展中国家信息技术的样板。“中国之窗”提供了高品位的丰富多彩的中国信息内容，被指定为“96 国际互联网网上博览会”的中国代表参展。

“中国之窗”相继开辟了地域性窗口，如福建省的“福建之窗”和重庆市的“重庆之窗”均属较早创办的窗口。“上海之窗”在较短时期内提供了富有创意的上海地区信息，显示了上海迈向国际大都市的时代风貌。“北京之窗”则以介绍北京风光、房地产等为主，并为在我国首次举办的“95北京世妇会”展示中国妇女的英姿。“深圳之窗”与“珠海之窗”显示了我国特区朝气蓬勃的面貌。“天津之窗”“武汉之窗”的上网，以及“海南之窗”“湖南之窗”的启动反映了各地不甘落后的精神。在“山东之窗”“河北之窗”及“河南之窗”上网后，中原风貌展示到了国际互联网上，中国古朴的乡镇企业也上了信息高速公路，使各国的农场主对中国的新面貌刮目相看。“中国之窗”的“云南之窗”又以精彩的少数民族风光极大地丰富了世界信息网络的资源。为迎接香港回归，“中国之窗”开辟了“香港之窗”，各地之窗主动密切配合，举世瞩目。

据统计，1997 年 1 月，仅在美国的“中国之窗”服务器就已达到每天 10 万人次以上的浏览率，其中约 50%来自美国读者，20%来自欧洲读者，余下为亚太等各地区国家。目前，日浏览率与收视人数还在继续增长。每天有数以千计的国外人士怀着种种兴趣访问“中国之窗”已不是什么奇怪的事了，试想还能有哪些更好的机会让世人了解我们源远流长、博大精深的中国文化呢？互联网上的“中国之窗”弘扬了中华民族的文化，活跃了当地的信息开发。我国的信息化建设正在起步当中，各地的信息上网是一项新生事物，“中国之窗”在国外成为相当具有知名度的网点之一，各地之窗在国内则可以称得上是我国信息化时代到来的一朵朵鲜艳的报春花。

“中国之窗”在短短几年的时间里，基于国内外的最新技术，从网页的制作到传送、镜像，积累了成套的成熟经验，更重要的是它摸索出了一套在技术上和体制上行之有效的协作路子和运行模式。“中国之窗”的国内主服务器和总部设在北京，以强大的技术作为后盾。“中国之窗”认真研究我国国情，紧密配合国家的政策，以弘扬中国优秀的文化传统，介绍我国改革开放的新面貌、独特的锦绣河山及各地的人情风貌为主，力求提供各地最有特色的网页，百花争艳并富有创意，尽可能架起全球友谊和互通的桥梁。与此同时，从中央到地方，大大小小的企业、商家纷纷在其上刊登广告或详细的厂家介绍，这为各地之窗增添了商业收入及各种各样的商机。

“中国之窗”总部多次收到大规模商业投资的请求。“中国之窗”与各地政府有关机构建立起密切的合作，并且愿与投资方积极开展多元化、多方位的业务与合作。我相信“中国之窗”将继续在国际及国内各地受到欢迎，并将得到新的起步和发展。

附　录

写在 2014 网络安全日前夕[66]

许榕生

（于 2014 年）

科研与军事的需求催生了互联网，但并未解决好互联网的全部的技术问题。今天我们有幸把网络安全与信息化并列并举，成立中央网络安全与信息化领导小组，设立每年 4 月 29 日为网络安全日，把网络安全提高到事关国家与国防安全的高度，这在认识上是一个何等的进步！

互联网刚出现时，人们更多想到的是在全球网络中的信息共享，理想中的快捷、海量的信息交流。然而，人们相信的“无限美好”的信息时代，是否也会让人们担心互联网的麻烦，就像人类担心核扩散一样？

网络安全要与信息化建设一起考虑，甚至要把它放在第一位置上，这是多年来很多决策者没有做到，甚至也没有料想到的。我国早期一些重要的网络工程中网络安全的投资比例往往不到总投资的 5%，甚至为零。少量的安全费用还经常用不到关键点上，网络安全最重要的因素——人才的因素通常被忽视，重要的数据随时可能丢失！

1990 年年初，作为用户单位的高能物理研究所率先取得了连接中美两国之间计算机专线的突破。中国互联网协会发表的《中国互联网发展年表》写道：“1993 年 3 月 2 日，中国科学院高能物理研究所租用 AT&T 公司的国际卫星信道建立的接入美国 SLAC 国家实验室的 64kbps 专线正式开通，成为我国部分连入互联网的第一条专线。这条专线在 1994 年 4 月中国正式连入互联网后，也实现了互联网的全线连通。”

让我们回顾一下这一历史时刻。1991年中美举行高能物理合作会谈时，代表们正式提出建立一条从北京高能所（IHEP）到美国加州斯坦福直线加速器中心（SLAC）的计算机联网专线，以满足北京正负电子对撞机数据和软件传输的需要。

美国斯坦福大学的瓦特·托基（Walter Toki）教授是当年中美高能物理合作组首任负责人，他为中国开通互联网做出了巨大的努力；诺贝尔奖得主、美国能源部高级顾问潘诺夫斯基教授（北京正负电子对撞机四人领导小组成员之一、中国科学院的外籍院士）协助与美国政府沟通。中国方面则由诺贝尔奖得主李政道教授协助上层工作，高能所直接向北京市电信局提交了 64kbps 国际通信专线申请，当时北京前面仅有八家用户申请，均为包用电话和传真的外国机构。要将这类专线用作数据传输，光纤还暂时不能到户，其技术难度是空前的。

两国科学家对如何联网进行了种种设计，图 1 就是当年留下的一张草拟的联网设计图。第一步是通过 AT&T 公司的 64kbps 带宽的卫星专线实现北京高能所（IHEP）与美国斯坦福大学附近的直线加速器中心（SLAC）相连，由美国能源部网络（ESnet）连入互联网；第二步再实施通过海底光缆实现 128kbps 速率与日本高能所（KEK）相连，直接进入互联网（1994 年年底实现）。高能所很快向美国思科公司订购了 Cisco 3000 系列的路由器，如图 2 所示，这是中国向思科公司订购的第一台路由器。专线经过 18 个月的反复调试，于 1993 年 3 月 2 日全程线路畅通，可以投入使用，先运行 DECnet 的通信协议，年底思科路由器到货后，正式运行互联网的 TCP/IP 协议。这样不仅为数据传输、电子邮件的开通，而且为实现 WWW 网站等互联网技术铺平了道路。高能所立即设立了中国第一台 WWW 网站（http://www.ihep.ac.cn/），1994 年亚洲地区的网站还寥寥无几，网页是用英文设计的（见附件 3）。图 3 是美国人当年留下的一张工程示意图，由美国 SLAC 计算中心主任 Les Cottrol 提供。从图中可以看出，当时的专线除了租用国际通信卫星，地面还分别用光缆和铜线连到高能所的计算中心。

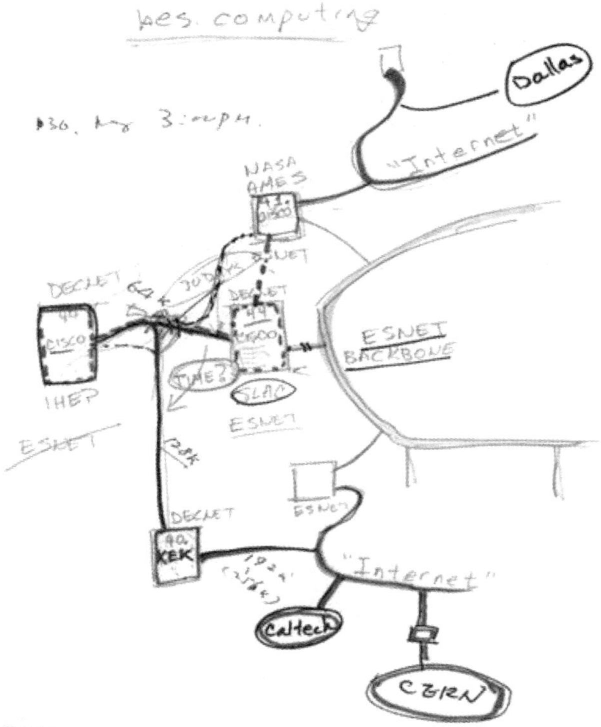

图 1　1991 年中美两国科学家草拟的 IHEP-SLAC 联网设计图

图 2　国内买的第一台 Cisco 路由器

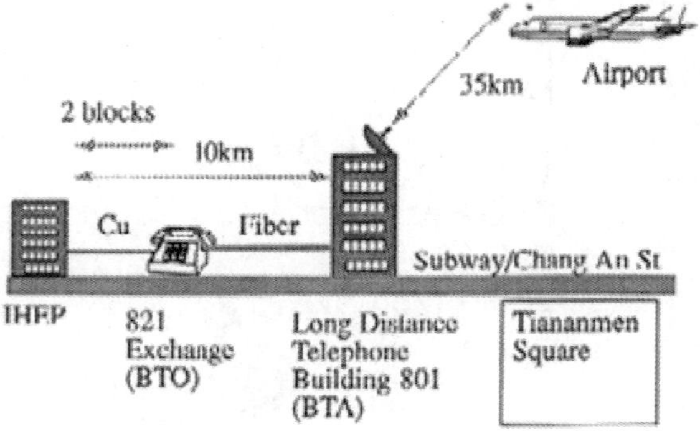

图 3　美国专家留下的一张工程示意图

许多人可能不知道，就在中科院高能所刚刚试通第一条连接全球互联网的中美计算机专线的第二天，美国政府就通知美国能源部关掉通往中国的线路，要求说明为什么要让中国加入互联网。美国科学家立即向美国政府解释开通这条互联网专线的目的，一周以后，美国政府同意有控制地对中国这条专线开放互联网。他们发来了一些文件，对网络安全问题做了详细的规定，强调这条中美专线只能用于科研合作，不得用于军事和商业目的，并要求不得通过网络散布病毒和进行黑客入侵活动。美国政府主要担忧中国将从互联网上面拿走大量的美国科技情报。另外，20世纪 80 年代，国外黑客经常拿美国国防部网络“练手”，与之相连的美国能源部的网络也被殃及。而这条专线正是连在美国能源网上的，这使美国高度警惕，极其担心互联网的安全性和稳定性。

由于当时互联网的安全防范措施还不成熟，黑客的频繁入侵致使美国对自身网络安全的关注度提升情有可原。

然而，在中国的互联网专线还没有完全开通，一个中国黑客都没有“出生”之际，我们就已经被警告不要搞“黑客入侵活动”，这在某种程度上提示了我们要高度警惕互联网的安全管理问题。

网络管理是一个复杂的问题，中国是一个发展迅速的大国，网民数量和上网人数规模将急剧增大，用户上网的习惯与国外也很不同。中国要解决的网络安全管理问题将比任何国家都要严峻，这对中国来说真是任重而道远的事！

互联网引进中国不久，果然高能所的一台主机就遭遇到国外黑客的第一次入侵。那天，系统管理员发现有一个账号被改动并被利用，使用权限超出了范围。是黑客！研究室里一时哗然。一番讨论，大家决定实施跟踪方式。当对方发现自己被跟踪时，便立即利用窃取的高级权限取消我方账号，隐蔽起来。最后，研究室通过分析跟踪的记录获得了黑客入侵行为的确凿证据，经系统关机与重装后，阻止了对方进一步的行动。1996 年，我被借调到国务院信息化领导小组办公室工作一年。这一年的经历让我有机会对中国互联网的发展有了一个全面而清晰的认识，我意识到：互联网事业在中国的大规模发展已成为必然趋势，而与之相伴的网络管理与安全问题也将变得更为突出。我决定返回中科院高能所组建一支网络安全专业队伍，开展专题研究，增强网络防护的能力。

1997 年，中科院高技术局正式委托高能所承担“黑客入侵防范软件研究”的一个子课题。由十多位计算机高手和研究生组成的网络安全团队诞生，课题组及时引进了地方（福建海峡企业）的配套资金和技术人才，使得课题进展迅速，用一年时间就开发出了第一套在 Linux 系统下的网络漏洞扫描系统，提前一年完成课题任务。这项隶属于中国科学院信息安全重点项目（包括密码学理论研究、网络安全示范工程等子课题，分别由中科院研究生院、软件所、网络中心等共同完成）的成果于 1999 年获得中国科学院科技进步一等奖，2000 年 10 月获国家科技进步二等奖（一等奖空缺）。

高能所的这个子课题不仅为国家培养了一批研究黑客的领军人才，而且实现了可喜的成果转化，“网络隐患扫描系统”成为国内最早的网络安全产品之一，并在政府、金融、电信、教育、电力、石油石化等诸多行业中得到广泛的应用（见图 4）。

图 4　陈知建司令员（右立者）1998 年到高能所热心指导网络隐患扫描系统（见图 5）

图 5　网络隐患扫描系统

中国科学院的若干研究所和一些大学院校无疑是网络与信息安全研究成果及人才的主要集中地，从计算机体系结构设计到操作系统安全研究，以及网络协议漏洞发现、恶意软件代码和入侵取证调查等方面都成立有相应的研究课题小组。近 20 年过去了，高能所在网络安全领域就有 18 名博士毕业，与数十名硕士（包括联合培养）一起陆续走到国家、企业与科教部门的各个岗位，成为我国网络安全的骨干力量。高能所的网络安全研究也从当年的一个小组变成了网络数据安全保护北京市重点实验室，以及中关村第一批开放实验室，正承担着越来越多的网络安全课题和任务。年轻一代的网络安全专家正在涉足云计算安全、物联网安全及网络犯罪调查取证等一系列颇具挑战性的新课题。任重而道远，我相信他们会不辞劳苦地做出新的贡献、创造新的业绩。

附件 1：高能所 1993 年开通计算机国际专线后，国家自然科学基金委推荐一批课题负责人通过这条专线使用互联网部分功能，这批专家与教授是国内最早的网民。（图中列出了部分用户名单。）

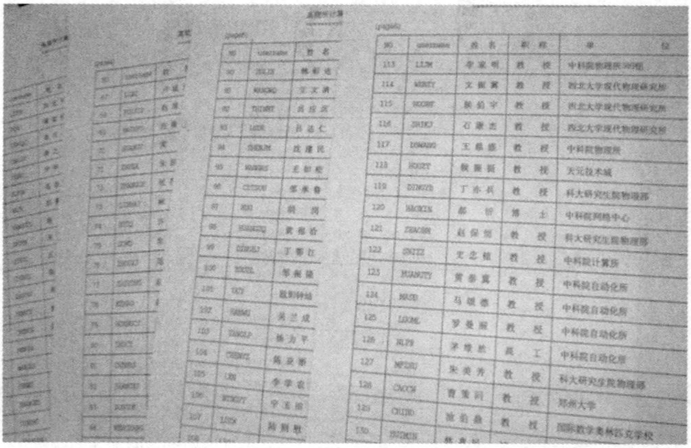

附件 2：1993 年 11 月郝柏林教授向学部提交了尽快开通国内计算机联网的建议，同时他还促进了我国互联网国际出口的建设。

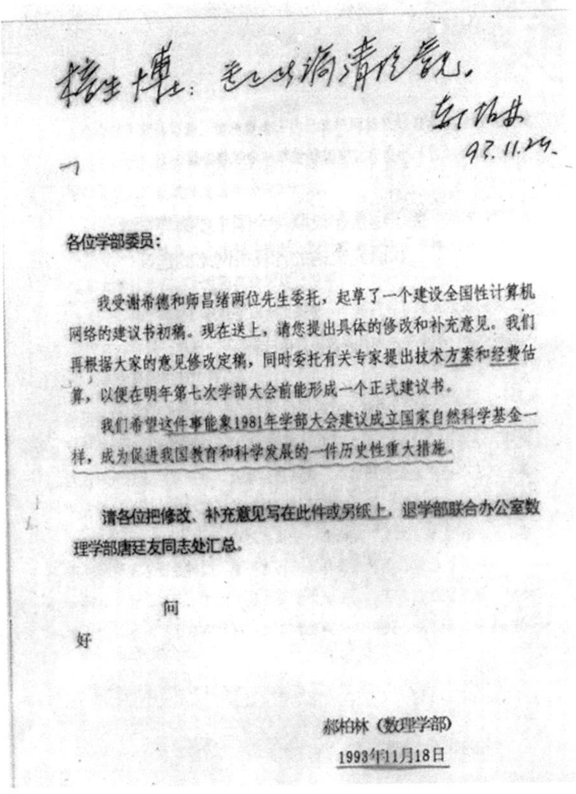

榕生博士：送上此稿请你审阅。

郝柏林

93.11.24.

各位学部委员：

我受谢希德和师昌绪两位先生委托，起草了一个建设全国性计算机网络的建议书初稿。现在送上，请您提出具体的修改和补充意见。我们再根据大家的意见修改定稿，同时委托有关专家提出技术方案和经费估算，以便在明年第七次学部大会前能形成一个正式建议书。

我们希望这件事能象1981年学部大会建议成立国家自然科学基金一样，成为促进我国教育和科学发展的一件历史性重大措施。

请各位把修改、补充意见写在此件或另纸上，退学部联合办公室数理学部唐廷友同志处汇总。

问

好

郝柏林（数理学部）

1993年11月18日

附件 3：高能所于 1994 年 4 月设立了 WWW 服务器（中国第一台），附图是当年的网页（设计者是计算中心的女生樊岚）。这台服务器（486 机器）现保留在中国电信博物馆。

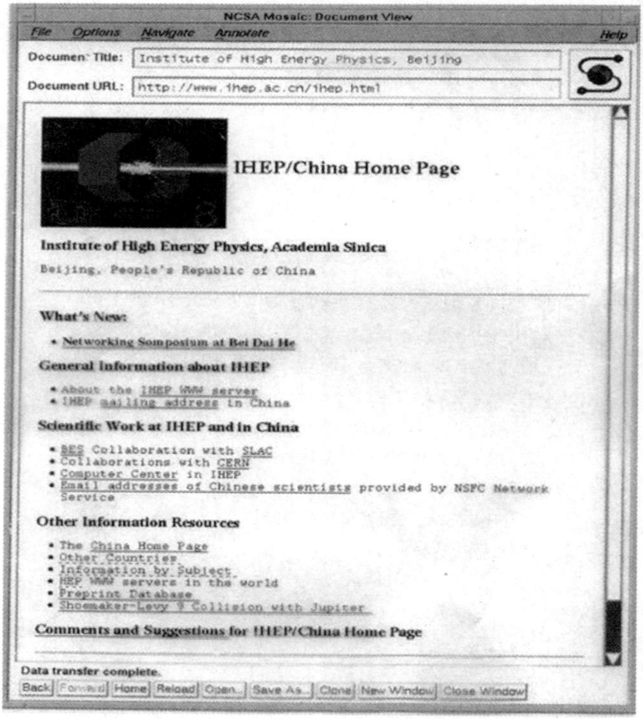

相关人物

“互联网口述历史”已访谈以上相关人物，其“口述历史”我们将根据写作、编辑确认、授权情况陆续推出，敬请关注！

访谈手记

方兴东

即使从我们中关村办公室到中国科学院高能物理研究所，也像是从城市中心来到郊区一般，远离喧嚣的人群。这很像许榕生现在的境况。虽然 1993 年许榕生牵头完成了中国第一条 64kbps 互联网专线的开通，是中国为数不多曾经被誉为“中国互联网之父”的人，但是，“滚滚长江东逝水，浪花淘尽英雄”，就像他退休后还保留的办公室一样，更多只是体现一种历史价值的存在，如今已消失在主流大众视野之外。

而在 1993 年，许榕生这里，可以说是中国互联网涛头的弄潮儿：在国家自然科学基金委的资助下，全国千余名科教课题负责人很快在高能所的网络上设立了账户，率先使用电子邮件等互联网服务与全球通信。

中国接入国际互联网的日子定格在 1994 年 4 月 20

日。其实，在此之前的互联网接入故事远远没有被充分挖掘。不仅包括 1986 年 8 月 25 日吴为民和 1987 年 9 月 14 日王运丰等人的第一封电子邮件之争，还包括诸多迄今不为人知的商业和民间的互联网接入。许榕生回忆 1991 年去北京电信局申请专线的时候，说道："我一看我们排在第九号，前面有八家，都是租 64kbps 专线的，但全部都是跨国企业，像 IBM 公司等，他们因为平时长途电话费太贵，所以就弄了一个 64kbps 专线包月，传真、电话可以随便打。还有三家是日本公司租专线传数据，电信局的人说也不知道他们在传什么，一天到晚不停地传。"

海外华文媒体评价说："1993 年许榕生建立国内第一条 64kbps 专线接通国际互联网的意义不亚于詹天佑修建了中国第一条铁路。"这条专线的建设过程和细节，自然是许榕生口述历史中的点睛之笔。诸多精彩细节，也只有作为当事人的他，才能讲得如此真切，如此生动，如此鲜活如初。这些内容就是口述历史项目含金量极高的金矿，富有重要的史料价值。

最有趣味的是，许榕生和“万维网之父”蒂姆·伯纳斯·李的缘分。“4 月中旬我在西欧高能物理中心（CERN）访问，认识了 WWW 的发明人 Tim Berners-Lee。我就在他原来的办公室上班，用他原来的桌子，上面还有许多他的书和资料，包括那本成就他的‘超链接’的英文书。”

许榕生的故事还有很多，包括他负责在 1994 年 4 月设立了中国第一个互联网服务器和中国第一个网站，又被借调到国务院信息化办公室工作，像“牧师”一样在全国宣讲互联网。还有他从事的反黑客和网络安全方面的故事。

今天的许榕生谈起这些精彩的往事，已经很淡定。对于曾经的热闹和荣誉更是超然。在互联网大潮面前，对每一个曾经停留在风口浪尖的人来说，这些往事都是人生最大的财富。虽然今天正式的历史说法，很大程度上淡化了 1993 年这条专线的意义，但是许榕生并没有觉得任何不公平。作为一名科学家，光环永远不是追求的目标。他更愿意在建设中国互联网的早期故事中，彰显李政道、斯坦福直线加速器中心的美国教授、邮电科学院的熊秉群院长，以及当年高能所的一批年轻人的贡献。

的确，在互联网发明和发展的早期故事中，从来都是自下而上的民间力量起到了某种关键性的作用。更多真正的精彩在民间，在那些易被遗忘的人物身上，在偶然之中，在鲜为人知的史书之外。这就是互联网最大的独特魅力之一。互联网故事对于许榕生来说，就是一个擦肩而过的专业历程中的插曲而已，尽管这个插曲事实上缔造了历史。

希望有时间我还可以和许榕生再深入畅谈，挖掘更多当年的细节。我想，在 1986 年到 1994 年的整整 8 年之中，这段中国互联网的史前历史，一定有着更多精彩的故事还未发现，值得我们后来人不断去挖掘。

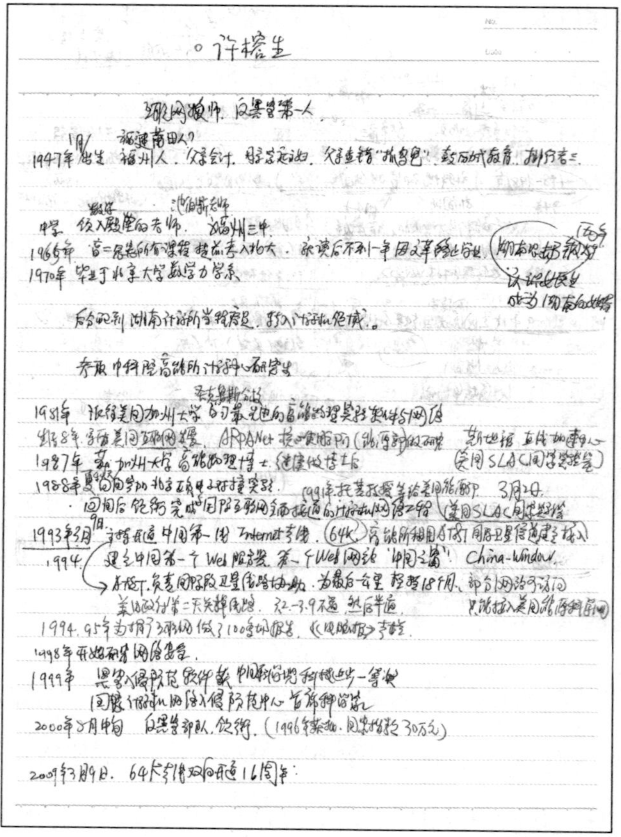

图为方兴东采访许榕生当天的访谈笔记（部分）

人名索引

本书采用随文注释的方式。因书中提到人物较多，一些人物出现多次，只有首次出现时，才会注释。为方便读者，特做此索引，并在人物后面注明其首次出现的页码。

Q

S

T

X

Z

参考资料（部分）

[1] 许榕生. WWW——世界范围的联网信息系统[J]. 经济与信息，1994(12):16.

[2] 许榕生. 漫谈 Internet 到中国[J]. 情报探索，1995(03)4-9.

[3] [美]马克. 中国 INTERNET 诞生记——访高能所计算中心许榕生博士[N]. 新加坡时报，1995.

[4] 许榕生. Internet 在中国一九九五回顾[J]. 广东金融电脑，1996(01):16-17.

[5] 许榕生. 互联网：信息技术的新飞跃[J]. 科学中国人，1997(07):7-8.

[6] 许榕生. “中国之窗”的由来和发展[J]. Internet世界，1997(10).

[7] 翟海涌. 许榕生：中国 Internet 先驱[N]. 网络世界，2000-01-01. http://www.cnw.com.cn/cnw_old/2000/htm2000/2000011_2167.htm.

[8] 谭璐. 记者专访：与黑客过招的人[EB/OL]. 北京青年报，（2000-09-03）. http://tech.sina.com.cn/internet/china/ 2000-09-03/35643.shtml.

[9] 王卉. 访谈：“反黑第一人”眼中的黑客[EB/OL]. 精品购物指南，（2000-09-15）. http://tech. sina.com.cn/review/media/2000-09-15/36844.shtml.

[10] 左莉炜. 网络先驱的人生网络[N]. 福州晚报，2002-06-12. http://www.66163.com/Fujian_w/news/fzen/fzwb/20000612/GB/fzwb%5E6890%5E1%5EWb091002.htm.

[11] 黄玮，杨洁. 喝令“黑客”止步[N]. 解放日报，2003-05-09.

[12] 朱红军，李响. 专家解析中国网络反黑现状　黑客产业链已形成[EB/OL]. 南方周末，(2007-12-18). http://www.infzm.com/content/trs/raw/25698.

[13] 许榕生. 写在 2014 网络安全日前夕[EB/OL]. 中国科学院高能物理研究所网络安全实验室，(2014-04-29) . http://www.ihep.cas.cn/zdsys/ihepsec/sec_ihep1_1/201404/t20140429_4102745.html.

[14] 国家互联网信息办公室，北京市互联网信息办公室编著. 中国互联网 20 年：网络大事记篇[M]. 北京：电子工业出版社，2014.

[15] 中国教育网络. 科研大数据：魅力在于找到那粒红色雨滴[EB/OL].（ 2015-03-19). http://www.edu.cn/xxh/ji_shu_ju_le_bu/dsj/201503/t20150319_1238881.shtml.

[16] 闵大洪. 中国网络媒体 20 年（ 1994—2014 ）[M]. 北京：电子工业出版社，2016.

编后记 1

站在一百年后看

赵　婕

热闹场中做一件冷静事

昨天、去年的一张旧照片、一件旧物，意义不大。但，几十年、上百年甚至更久之前，物是人非时的寻常物，则非同寻常。

试想，今日诸君，能在图书馆一角，翻阅瓦特发明蒸汽机的手记，或者蔡伦在发明纸的过程中，与朋友探讨细节之往来书帖。这种被时间加冕的力量，会暗中震撼一个人的心神，唤起一个人缅怀的趣味。

互联网在中国，刚过 20 年。对跋涉于谋生、执著于财富、仰求于荣耀、迷醉于享乐、求援于问题的人来说，这个工具，还十分新颖。仿佛济济一堂，尚未道别，自然说不上怀念。

人类的热情与恐惧，更多也是朝向未来。

一件事情的意义，在不被人感知时，最初只有一意孤行的力量。除了去做，还是去做，日复一日。一个人，不管他是否真有远见，是否真懂未雨绸缪，一旦把抉择的航程置于自己面前，他只能认清一个事实：航班可延误，乘客须准点。

一切尚在热闹中，需要有人来做一件冷静事。

方兴东意识到，这是一件已经被延误的事情，有些为互联网开辟草莱的前辈，已经过世了。在树下乘凉、井边喝水的人群中，已找不到他们的身影。快速迭代的互联网，正在以遗迹覆盖遗迹。他遗憾，“互联网口述历史”（OHI）还是开始得晚了一点，速度慢了一点。他深感需要快马加鞭，需要得到各方的理解与支持。

提早做一件已延误的事

步履维艰的祖母费力地弯腰为刚学步的孩子系上散开的鞋带，在有的人眼里，是一幅催人泪下的图景。一种面向死亡和终极的感伤，正如在诗人波德莱尔眼里，芸芸众生，都只是未来的白骨。

本杰明·富兰克林说：“若要在死后尸骨腐烂时不被人忘记，要么写出值得人读的东西，要么做些值得人写的事情。”

中国步入互联网时代以来，已有许多人做出了值得一书的事情。

然而，“称雄一世的帝王和上将都将老去，即使富可敌国也会成灰，一代遗风也会如烟，造化万物终将复归黄泥，遗迹与藩篱都已渐渐褪去。叱咤风云的王者也会被遗忘……”

因此，需要有人再做一件事：把发生在互联网时代里，值得记载的事情，记录下来。

必然的历史，把偶然分派给每一位创造历史的人。当初，这些人并不曾指望“比那些为战争出生入死的人更为不朽”，今日，还顾不上指望名垂青史。

来记录这段历史的人，绝不是为某人歌功颂德，而是要尽早做一件已延误的事。

那些发生的事情的来龙去脉，堆积在这个时代的身躯上。对重史崇文的中国人，自然会懂得民族长存的秘密，与汉字书写、与“鉴过往知来者”“宜子孙”的历史和渊源流长的中华文化密切相关。

过去仍在飞行

2007年年初，《“影响中国互联网100风云人物”口述历史》等报道出现在媒体上。接受采访的方兴东说：“口述历史大型专题活动，将系统访谈互联网界最有影响力的精英，全面总结互联网创新发展经验。”

当时，互联网实验室和博客中国共同策划的口述历史大型专题活动在北京启动。这是“2007互联网创新领袖国际论坛”的重要组成部分。该论坛由原信息产业部指导，互联网实验室等单位共同举办。科技中国评选“影响中国互联网100风云人物”。

口述历史的对象，主要来自评选出的100位风云人物，包括互联网创业者、影响互联网发展的风险投资和投资机构、互联网产业的基础设施建设者、对互联网产业影响巨大的国内外企业经理人、互联网产业的思想家和媒体人乃至互联网产业的关键决策者，以及互联网先行者和技术创新的领头人。

方兴东认为，这些人物是互联网产业的英雄，他们富有激情和梦想，作为中国互联网的先锋人物，曾经或现在战斗在中国互联网的最前沿，对促进中国互联网发展做出了不同的贡献。口述历史，将梳理他们的发展历程，以媒体的视角来展示历史上精彩的一页，为互联网产业下一个 10 年的创新发展提供有益的参考。

在关注眼前、注重实效的现今业态下，人们似乎更乐于历史的创造，而非及时的回顾，尽管互联网“轻舟已过万重山”，矜持的历史创造者们，恐怕还是认为“十几年太短”。

记述历史和写作并不是方兴东的主业，他自己也在创业，企业的责任和负担无人替代他。所以，几年来，他见缝插针，断断续续访谈了几十人。在这个过程中，思路也越来越清晰。

2014年春，中国互联网发展20周年之际，方兴东正式组建了编辑出版“互联网实验室文库”的团队，“互联网口述历史”成为了这个团队的首要工作。

“在采摘时节采摘玫瑰花苞。过去仍在飞行。”

在方兴东眼里，中国互联网20年来得太激动人心了。互联网的第三个10年又开启了。很多人顺应、投入了这段历史，无论其个人最终成败得失如何，都已成为创造这段历史的合力之一。可能接下来互联网还会越做越大，但是最浪漫的东西还是在过去20年里。他觉得应该把这些最精彩的东西挖掘出来。趁着还来得及，有些东西需要有人来总结。有些人的贡献，值得公正、精彩、生动、详细地留下记录。

正是这样一个时代契机，各年龄、各阶层、各行业的草根或精英，有人穷则思变，有人“现世安稳岁月静好”，但都从各个位置，甚至是旁观位置，加入了这个“时代合唱”，成就了一种不谋而合的伟大，造就了乱花迷眼的互联网江湖。

方兴东自认为，投入“互联网口述历史”这件工作量巨大的事情，也有一些不算牵强的前提。他出生于世界互联网诞生的 1969 年，在中国出现互联网的 1994 年，他恰好到北京工作。他的故乡浙江是中国另一个巨大的“互联网根据地”。二十年间，他奔波北京、杭州之间，足迹留到全国各地，全程深度参与中国互联网事业，与各路英雄好汉切磋交往，也算近水楼台，大家能坦诚交谈，让这件事发生得十分自然。

还原互联网历史的丰富性

众所周知，互联网是一个不断制造神话又毁灭神话的产业，这个产业的悲壮和奇迹，出于无数人的努力奋斗、成就辉煌、前仆后继。

就如方兴东所说：“即使举步维艰，互联网天空，依然星光闪耀。至于现在这颗星星还是不是那颗星星，并没有太多的人关注。新经济、泡沫、烧钱、圈钱、免费、亏损，等等，几个极其简单的词汇，就将成千上万年轻人的激情和心血盖棺论定了——剔除了丰富的内涵，把一场前所未有的新技术革命苍白地钉在了‘十字架’上。既没有充分、客观地反映这场浪潮的积极和消极之处，也无法体现我们所经历的痛楚和欣喜。”

从“互联网口述历史”最初访谈开始，方兴东希望尽力还原这种“丰富的内涵”。

在中国互联网历程中过往的这些人物，不会没有缺点，也不可能没有挫折。起起伏伏中，他们以创新、以创业、以思想、以行动，实质性地推动了中国互联网的发展进程。“互联网口述历史”希望在当事人的记忆还足够清晰时，希望那些年事已高的开拓者还健在时，呈现他们在历史过程中的个性、素养和行为特质，把推进历史的坦途和弯路地图都描绘出来，以资来者。

在讲述过程中，个人的戏剧性故事，让未来的受众也能在趣味中了解口述者的人生轨迹和心路历程。

因此，“互联网口述历史”最初明确定位为个人视角的互联网历史，重视口述者翔实的个人历程。在互联网第一线，个人的几个阶段、几种收获、几个遗憾、几条弯路，等等；如果重来，他们又希望如何抉择，如何重新走过？概括起来，至少要涉及四个方面：个人主要贡献（体现独特性）、个人互联网历程（体现重要的人与事）、个人成长经历（体现家庭背景、成长和个性等）、关键事件（体现在细节上）。

但互联网又是个体会聚的群体事业。在中国互联网风风雨雨的历程中，在个人之外，还有哪些重要的人和重要的事，哪些产业界重大的经验和惨痛的教训，哪些难忘的趣闻逸事，如何评说互联网的功过得失及社会影响，等等，也是“互联网口述历史”必不可少的内容。

多元评价标准

“互联网口述历史”希望有一个多元评价标准。方兴东认为，目前在媒体层面比较成功的人士，他们的作用肯定是毫无疑问的。这么多用户在用他们的产品，他们的产品在改变着用户。我们一点都不贬低他们，同时也看到，他们享受了整个互联网所带来的最大的好处。中国互联网的红利给少数人披红挂彩。他们是故事的主角，但参演者远远大于这个群体。所以，“互联网口述历史”一定是个群像，有政府官员、投资者、学者、技术人员和民间人士等，当然，企业家是主角中的主角。

很多人很想当然地觉得，中国互联网在早期很自然就发生了。实际上，今天的成就，不在当初任何人的想象中，当初谁也没有这个想象力。“互联网口述历史”尤其不能忽略早期那些对互联网起了推动作用的人。当时，不像今天，大家都知道互联网是个好东西。当初，互联网是一个很有争议的东西。他们做的很多工作很不简单，是起步性的、根基性的，影响了未来的很多事情。当年，似乎很偶然，不经意的事情影响了未来，但其发生和发展，有其内在的必然性。这些开辟者，对互联网价值和内在规律的认识，不见得比现在的人差。现在互联网这么热闹，这么丰富，很多人是认识到了，但对互联网最本源的东西，现在的人不见得比那时的互联网开创者认识得深。

时势造英雄

生逢其时，每一位互联网进程的参与者，都很幸运，不管最后是成功还是失败，有名还是无名。因为这是有史以来最大的一次技术革命浪潮。这个技术革命浪潮，方兴东认为，也要放在一个时代背景下，包括改革开放、九二南巡，包括经济发展到一定阶段，电信行业有了一定基础，这些都是前提。没有这些背景，不可能有马云、马化腾，也不可能有今天。

方兴东认为，不能脱离时代背景来谈互联网在中国的成功，其一定是有根、有因、有源头，而不是无中生有、莫名其妙，就有了中国互联网的蓬勃发展。

20 世纪 80 年代的思想开放，与互联网精神、互联网价值观，有很多吻合之处。中国互联网从一开始，没有走错路、走歪路，没有出现大的战略失误。从政府主营机构，到具体政策的执行人，到创业者，包括媒体舆论。

中国特色互联网

中国与美国相比，是一个后发国家。互联网的很多基础技术、标准、创新都不是我们的，是美国人发明的，我们就是用好，发扬光大，做好本地化。方兴东认为，对于更多的国家来说，中国的经验实际上更有参考价值。因为相对于这些国家来说，中国又变成了一个先发国家。毕竟，现在全世界，不上网的人比上网的人要多。更多国家要享受互联网的益处，中国具有重要参考意义。因此，“互联网口述历史”具有国际意义。我们做这些东西，不是为了歌功颂德，而是为了把这些人留在历史里，才把他们记录下来。

不能缺席的价值观

互联网在中国的成功，毫无疑问，超出了所有人的想象。但是，方兴东认为，中国互联网仍存在明显的问题，例如，过分的商业化、片面的功利化、时髦和时尚借口下的浅薄化存在于互联网当中，而且可能会误导互联网发展。“互联网口述历史”希望在梳理历史的过程中，能把这些问题是非分明地梳理出来。

从理想的角度来看，互联网应该成为推动整个中国崛起的技术的引擎，它带来的应该是更多积极、正面的力量、方便和秩序。互联网的从业者，包括汇聚了巨大财富和社会影响力的人，如果他们能够有理想，互联网在中国的变革作用会大得多。互联网的大佬们是巨大财富和巨大影响力的托管人，他们应该考虑怎样把自己的财富和影响力用好，而不是简单作为个人的资产，或者纯个人努力的结果。在个人性和公共性方面，如果他们有更高的境界、更清醒的意识和更多的自觉，会比现在好得多。现在，总体上来说，是远远不够的。

方兴东认为，中国互联网 20 年来，真正最有价值、最闪光的东西，不一定在这些大佬们身上，反倒可能在那些不那么知名的人身上，甚至在没有从互联网挣到钱的人身上。推动中国互联网历史进程关键点的人，也不一定是这些大佬。因此，“互联网口述历史”采访名单的甄选，是站在这样的观点之上的，可能与有些媒体的选择不同。

站在一百年后看

中国互联网的历史，从产业、创业、资本、技术及应用等方面看，是一部中国技术与商业创新史；从法律法规、政府管理举措、安全等方面看，是一部中国社会管理创新史；从社会、文化、网民行为等方面看，是一部中国文化创新史。

目前，我们在国内采访的人物已达 100 余位，主要是三个层面的人物，能够全景、全面反映中国互联网创业创新史。以前面 100 个人为例，商业创新约 50 人，细分在技术、创业、商业、应用和投资等层面；制度创新约 25 人，细分在管理、制度和政策制定等层面；文化创新约 25 人，细分在学术、思想、社会和文化等层面。他们是将中国社会引入信息时代的关键性人物，能展示中国互联网历史的关键节点。采访着眼于把中国带入信息社会的过程中，被访者做了什么。通过对中国互联网 20 年的全程发展有特殊贡献的这些人物的深度访谈，多层次、全景式反映中国互联网发生、发展和崛起的真实全貌，打造全球研究中国互联网独一无二的第一手资料宝藏。

王羲之曾记下永和九年一次文人的曲水流觞的雅事，“列叙时人，录其所述”，让世世代代的后人从《兰亭集序》的绝美墨迹中领略那一次著名的“春游”，“虽世殊事异，所以兴怀，其致一也。后之览者，亦将有感于斯文。”

方兴东希望通过“互联网口述历史”项目的文字、音频、视频等各种载体，让一百年后的人、甚至是更远的未来者看到中国是怎么进入信息社会的，是哪些人把这种互联网文明带入中国，把中国从一个半农业、半工业社会带入了信息社会。

2014 年，从全球“互联网口述历史”项目的工作全面展开，到 2019 年互联网诞生 50 周年之际，我们将初步完成影响互联网的全球 500 位最关键人物的口述采访工作。这一宏大的、几乎是不可能完成的任务，正在变为现实！

编后记 2

有层次、有逻辑、有灵魂

刘　伟

“互联网口述历史”的维度与标准

“互联网口述历史”（OHI）是方兴东博士在 2007 年发起的项目，原是名为“影响中国互联网 100 人”的专题活动，由互联网实验室、博客网（博客中国）等落实执行。在经过几年的摸索与尝试后，2010 年，方兴东博士个人开始撸起衣袖集中参与和猛力突击。因此，“互联网口述历史”在2007年至2009年是试水和储备，真正开始在数量上“飞跃”起来，是从2010年下半年开始的。

这些年，方兴东博士一边“创业”，一边默默采集、积累“互联网口述历史”的宏巨素材。一路走下来，前前后后的几个助理扛着摄像机、带着电脑跟着他。助理们有走有来，而他，一坚持就是十年。

2014年，我从《看历史》杂志离职，参与了“互联网实验室文库”的筹备，主持图书出版工作，致力于打造出“21世纪的走向未来丛书”。“互联网实验室文库”的出版工作包括四大方向：产业专著、商业巨头传记、“口述历史”项目、思想智库。

在之后的时间里，“互联网实验室文库”出版了产业专著、商业巨头传记、思想智库方向的十余本书，而“口述历史”却未见成果出品。当然，这是因为“口述历史”创造了六个“最”——所需的精力消耗最大，时间周期最长，整理打磨最精，查阅文献资料最繁，过程折磨最多，集成的自主性最少……

以往，一本书在作者完成并有了书稿后，进入编辑流程到最后出版，是一个从 0 到 1 的过程。而为了让别人明白做“口述历史”的精细和繁冗，我常说它是从-10 到 1 的过程。因为“口述历史”是一个“掘地百尺”的工作，而作为成果能呈现出来的，只不过是冰山一角。在“口述历史”的整理之外，我们还积累形成了 10 余万字的互联网相关人物、事件、产品、名词的注释（词条解释），50 余万字的中国互联网简史（大事记资料），以及建立了我们的档案保存、保密机制等，这些都是不为人知的，且仅是我们工作的一小部分。

“过去”已经成为历史，是一个已经灰飞烟灭的存在，人们留下的只是记忆。“口述历史”就是要挖掘和记录下人们的记忆，因为有太多的因素影响着它、制约着它，所以，我们需要再经稽核整理。因此，“口述历史”中的“口述者”都是那些历史事件的亲历、亲见、亲闻者。

北京大学的温儒敏教授曾经这样评价“口述历史”这一形式：“这种史学撰写有着更为浓厚的原生态特色，摆脱了以往史学研究的呆板僵化，因而更加生动鲜活，同时更多的人开始认识到这种口述历史研究的学术价值，而不是仅仅被视为一种采访。相对于纯粹的回忆录和自传，这种口述历史多了一种真实到可以触摸的毛茸茸的感觉。”

“口述历史”让历史变得鲜活，充满质感，甚至更性感。

我在采访方兴东博士，要其做“访谈者评述”时，他曾在评述之前说了这么一段话：“互联网不仅仅是那些少数成功的企业家创造的，它实际上是社会各界共同创造的一个人类最大的奇迹——中国互联网能够有8

亿网民，这绝对是全球的一个奇迹。中国有一大批人，他们是互联网的无名英雄，基本上在现在的主流媒体上看不到他们。但我觉得这些人在互联网最初阶段，在中国制定轨道的过程中，铺了一条方向上正确的道路，而且很多东西当年可能是一件很小的事情，但实际上最终起了关键性的作用。我们试图在‘互联网口述历史’里，把这个群体中的代表人物挖掘出来、呈现出来。”

我想，这是方兴东博士的初心，也是“互联网口述历史”项目产生的源头。

出版人和作家张立宪（自称老六，出版人、作家，《读库》主编——编者注）曾讲过一则与早期的郭德纲有关的故事：“那时候郭德纲还默默无闻，他在天桥剧场的演出只限于很小的一个圈子里的人知道……当时就和东东枪商量，我们要做郭德纲，这个默默无闻的郭德纲。但是世界的变化永远比我们想象中的快，从东东枪采访郭德纲，到最后图书出版大概是半年的时间，在这几个月的时间里，郭德纲老师已经谁都拦不住了。那时候就连一个宠物杂志都要让郭德纲抱条狗或者抱只猫上封面，真的是到那个程度。但是我们依然很庆幸，就是我们在郭德纲老师被媒体大量地消费、消解之前，我们采访了他，'保存'了他。一个纯天然绿色的郭德纲被我们保留下来了。其实这也是某种意义上的抢救，这种抢救不仅仅指我们把一个很了不起的人，在他消失之前、在他去世之前给他保存下来；也包括像郭德纲老师这样的人，他虽然现在依然健在，但是'绿色'郭德纲已经不见了，现在是一个'红色'的郭德纲。"

从某种程度上讲，"互联网口述历史"也是在尽可能抢救和保留"绿色"的互联网人。所不同的是，我们不是预测，而是寻找、挖掘、记录、还原、保存。因为我们是基于"历史"，是事发之后的、热后冷却的、不为人知的记载。至于"绿色"的意义，我想就像常规访谈与口述历史的差别，因为所用的方法、工艺、时间、重心完全不同，当然也就导致了目的与结果的不同。

“口述历史”是访谈者和口述者共同参与的互动过程，也是协同创造的过程。因此，“口述历史”作品蕴含着口述者和访谈者（整理者、研究者）共同的生命体验。

“口述历史”一般有专业史、社会史、心灵史几个维度。在“互联网口述历史”中，因选题缘故，我们还辐射了更多不同的维度与向度，如技术史（商业史）、制度史（管理史）、文化史（社会变革史）以及经济学家汪丁丁教授强调的思想史。

在“互联网口述历史”近十年的采集过程中，其技术设备一样经历了“技术史”的变迁。例如，在2007—2013年，用的还是录像带摄像机，而在2014—2016年，用的是存储卡摄像机。

“互联网口述历史”从采集到整理的过程中，我们始终秉承着这样几个标准：有灵魂、有逻辑、有层次、有侧重，注重史实与真相。

“互联网口述历史”的取舍与主张

在采集回的资料的使用上，我们采用了“提问+口述+注释”的整理方式，而非“撰文+口述”的编撰方式。这样的选择，就是为了能够不偏不倚、原汁原味地还原现场，并且不破坏其本身的脉络与构造，以及我们在其上的建构。我们希望做到，像拓片与石碑的关联。

在资料整理过程中，我们也是严格按照“口述历史”的方式整理、校对、核对、编辑、注释、授权、补充、确认、保存的（为什么授权顺序靠后，我在后面解释），但在图书出版的最后，也就是目前呈现在读者眼前的文本——严格意义上说已经不是特别纯的“口述历史”了。因为读者会看到，我们可能加入了 5%左右别处的访谈内容。这么做有的是因为文本需要，有的是因为空缺而做的“补丁”，有的是口述者提供希望我们有所用的。对这些内容的注入，我们做了原始出处的标注，并同样征得了“口述者”的确认。

在整理的过程中，应访谈者的要求，我们弱化了其角色特征，适当简化了访谈者在访谈中的追问、确认、区辨等“挖掘”过程，尽可能多地呈现口述者的口述内容，即直接挖出的“矿”；也简化了部分现场访谈者对口述者的某些纠正。这样的纠正有时是一来二去，共同回想，提坐标、找参照，最终得以确定。这样的“简化”也是为了方便和照顾读者，我们尽量压缩了通往历史现场过程中的曲折与漫长。

在时间轴上，我们也尽量按照时间发展顺序做了调整，但因“记忆”有其特殊性，人的记忆有时是“打包”甚至“覆盖”的（只有遇到某些事件时，另一些事才能如化学效应般浮现出来，而如果遇不到这些事件，它可能就永远沉没下去了），因此，会有部分“口述者”的叙事在“时间点”上有连接和交叉，所以，显得稍有些跳跃或回溯。在这种情况下，我们没有为了梳理时间顺序而强行分拆、切割或拼搭。

在口语上，我们仍尽可能保留了各“口述者”的特色和语言风格，未做模式化的简洁处理。所以，即使经过了“深加工”的语言，也仍像是“原生态的口语”，只是变得更加清晰。

时常有人关心地问：“你们的‘互联网口述历史’怎么样了？怎么弄了这么久？”其实这是难以言表的事，我们很难让人了解其中的细节和背后的功夫。“口述历史”中的那些英文、方言、口音、人名、专业词汇，有时一个字词需要听十几遍才能“还原”；有时一个时间需要查大量资料才能确认；与“口述者”沟通，以及确认的时间，有时又以“年”为沟通的时间单位，需要不断询问与查证，因为这期间也许遇有口述者的犹豫或繁忙；为了找到一条“语录”，我们可能要看完“口述者”的所有文章、采访、演讲……就是这一点又一点的困难、艰辛、阻碍，造成了“口述历史”的整理及后续的工作时间是访谈时间的数十倍。

台湾地区的“中央研究院近代史研究所”前所长陈三井曾说：“口述历史最麻烦的是事后整理访问稿的工作。这并不是受访人一边讲，访问人一边听写记录就行了。通常讲话是凌乱而没有系统性的，往往是前后不连贯，甚至互有出入的。访问人必须花费很大的力气加以重组、归纳和编排，以去芜存菁。遇有人名、地名、年代或事物方面的疑问，还必须翻阅各种工具书去查证补充。最后再做文字的整理和修饰工作，可见过程繁复，耗时费力，并不轻松。”

我曾和团队同事分享过这样一个比喻：整理口述

历史，就像“打扫”一个书柜，有的人觉得把木框擦干净就可以了；有的人会把每一本书都拿下来然后再擦一遍书架；还有的人在放进去之前会把每本书再轻拭一遍。而我们呢？除了以上动作，还需要再拿一根针把书架柜子木板间的缝隙再“刮”一遍，因为缝隙里会有抹布擦拭的碎纤维、积累的灰尘、纸屑，甚至可能有蛀木的虫卵……（我当时分享这个比喻的初衷，就是提示我的同事，我们要细致到什么程度。现在看来，这个比喻也同样表现了我们是怎么样做的。）

在“互联网口述历史”的出版形式上，我们也曾纠结于是多人一本，还是一人一本。在最早的出版计划中，我们是计划多人一本（按年份、按事件、按人物），专题式地出版一批有“体量”的书。当多人一本的多本“口述历史”摆在一起时，才能凸显“群雕”的伟岸，也因为多人一本的多文本原因，读者阅读起来会更具快感，对事件的理解视角也更宽广，相互映照补充起来的历史细节及故事也更加精彩（也就是佐证与互证的过程）。

然而实际情况是，我们没有办法按照这种“完美”的形式去出版。因为“口述历史”是一个逐渐累积的过程，无论是前期的访谈，中期的整理，还是后期的修订、确认，它们都在不同时间点有着不同程度上的难点，整个推进过程是有序不交叉且不可预知的。最早采访和整理的也许最后才被口述者确认；最应先采访的人也许最后才采访到；因为在不停地采访和整理，永远都可能发现下一个、新的相关人……这样疲于访谈，也疲于整理。囿于各种原因，我们没办法按照我们“梦想”的方式出版。因此，最终我们选择了呈现在读者眼前的“一人一本”的出版方式，出版顺序也几乎是按照“确认”时间先后而定的。我们同样放弃了优先出版大众名人、有市场号召力的人物、知名度高的口述者，以带动后面“口述历史”的想法。

尽管我们遗憾未能以一个更宏伟具象的“全景图”

的形式出版，但一本一本地出版，也有专注、轻松、脉络清晰、风格一致的美感，仍能在最后呈现出某种预期的效果。未来也仍能结集为各种专题式的、多人一本的出版物，将零散的历史碎片拼接成为宏大的历史画卷。因此，希望读者能理解，目前的选择是在各种原因、条件和实际困难“角力”后的结果，这其中有得有失，瑕瑜互见。为体恤读者，呈现群雕之张力，我在这里列举几位口述者的“口述历史”标题，先睹为快:《胡启恒:信息时代的人就该有信息时代的精神》《田溯宁：早期的互联网创业者都是理想主义》《张朝阳:现在的创业者一定要设身处地想想当时》《张树新:我本能地对下一代的新东西感兴趣》《吴伯凡：中国互联网历史，一定是综合的文化史》《陈年：以前互联网都很苦，大家集体骗自己》《刘九如：培训记者，我提醒他们要记住自己的权利》《胡泳：人们常常为了方便有趣而牺牲隐私》《段永朝：碎片化是构成人的多重生命的机缘》《陈彤：我做网络媒体之前也懵懂过》《王峻涛：创业时想想，要做的事是水还是空气》《陈一舟：苦闷是必需的，你不苦闷凭什么崛起》《黎和生：其实做媒体主要是做心灵产品》《冯珏：现在的互联网没当年的理想和热情了》《王维嘉：人类本性渴望的就是千里眼、顺风耳》《洪波：中国互联网产业能发展到今天得益于自由》《方兴东：互联网最有价值的东西，就是互联网精神》《陈宏：当时想做一个中国人的投行，帮助中国企业》《许榕生：我所做的其实只是把国外的技术带回中国》……举例还可以列很长很长，因为目前我们已整理完成了 60 余人的口述历史，以上举例的部分“口述历史”标题，有些可能稍有偏颇，甚至因为脱离了原有的语境而变成了另外的意思；有些可能会对“口述者”及业界稍有冒犯；有些可能会与实际出版所用标题有所出入。在此，希望得到读者的理解和谅解。

在事实与真相上，我们也希望读者明白：没有“绝对真相”和“绝对真实”。我们只是试图使读者接近真相，离历史更近一些。“口述历史”不能代替对历史的解释，它只是一项对历史的补充。同时希望读者能够继续关注和阅读，我们将继续出版更多的“互联网口述历史”，形成更广大的历史的学习和理解视角，以避免仅仅停留在对文字皮相的见解上。我们也要明白，还要有更多的阅读，才能还原群体之记忆。不同口述者在叙述相同事件时，一些细节会有不同的立场和不同的描述，甚至有不小的差别，这些还需要我们继续考证。

中国现代文学馆研究员傅光明曾说：“历史是一个瓷瓶，在它发生的瞬间就已经被打碎了，碎片撒了一地。我们今天只是在捡拾过去遗留下来的一些碎片而已，并尽可能地将这些碎片还原拼接。但有可能再还原成那一个精致的瓷瓶吗？绝对不可能！我们所做的，就是努力把它拼接起来，尽可能地逼近那个历史真相，还原出它的历史意义和历史价值，这是历史所带给我们的应有的启迪或启发。”

尽管“互联网口述历史”项目目前是以书籍的形式出现的，展现的是文本，但我们希望在阅读体验上，能够呈现出舞台剧的效果，令读者始终有“在场感”。在一系列访谈者介绍、评述过后，可以直接看到“口述者”和“访谈者”坐在你面前对话；“编注”就是旁白；“语录”是花絮，方便你从思想的层面去触摸和感受“口述者”；“链接”是彩蛋，时有时无，它是“口述者”的一个侧面，或与其相关的一些细枝末节；“附录”是另一种讲述，它是一段历史的记录，来自另一个时空中。当“口述历史”本身完结后，“口述者”或说或写的会成为一段历史、一批珍贵的历史资料。你会发现，在历史深处的这些资料，也许曾是预言，也许在过去就非常具有前瞻性，也许它是一种知识的普及，也许它是对“口述历史”一些细节的另外的映照或补充，也许它曾是一个细分领域的入口或红利的机会……

有些口述者讲述了自己儿时或少年的故事，用方兴东博士的话说：那是他们的“源代码”。

美国口述历史学家迈克尔·弗里斯科（Michael Frisch）说："口述历史是发掘、探索和评价历史回忆过程性质的强有力工具——人们怎样理解过去，他们怎样将个人经历和社会背景相连，过去怎样成为现实的一部分，人们怎样用过去解释他们现在的生活和周围的世界。"

"互联网口述历史"的形式与意义

做"口述历史"时常有遗憾（它似乎是一门遗憾的学问和艺术）。遗憾有人拒绝了我们的访谈请求（有些是因为身份不便；有些是因为觉得自己平凡，所做过的事不值得书写）；遗憾有些贡献者已经离开了我们，无法访谈；遗憾一些我们整理完毕已发出却无法再得到确认的文本；遗憾一些确认的文本被删得太多；遗憾一些我们没问及的内容，再也补不回来；遗憾一些口述者避而不谈的内容；遗憾不能让历史更细致地呈现；遗憾一些详情不便透露；遗憾有些口述者已经不愿再面对自己曾经的口述，因而拒绝了确认和开放；遗憾我们曾通过各种资料、各种方法抵达口述者的内心，但能呈现给读者的仍不过是他们的一个侧面，他们爱的小动物、他们做的公益等，囿于原材料和呈现方式，这些都无法在一篇口述历史中体现；有些东西小而闪光，但我们没法补进来，遗憾有些补进来了又被删掉了；遗憾文本丢掉的“镜头语言”，如“口述者”的表情、动作、笑容、叹息、沉默、感伤、痛苦……遗憾“文本”丢失了“口述者”声音的魅力；遗憾我们没有更先进的表达和呈现方式（我们拥有“互联网口述历史”的宝贵资料和“视听图影”资源，却不能为读者呈现近乎 4D、5D 的感官体验，也未能将文本做成“超文本”）；遗憾我们时间有限、人力有限、精力有限……无论如何，今天呈现在读者面前的并不是“最好的成果”，它还有待您与我们共同继续考证、修正、挖掘和补充，它也可能只能存在于我们的梦想和希冀之中了。

尽管到目前为止我们已经做了许多工作，但也依然只是一小部分，我们仍处于采集、整理阶段，在运用、研究等方面，我们还少有涉及。未来，“互联网口述历史”会被运用到各类社会、行业研究和课题中，被引入种种类型、种种框架、种种定义、种种理论、种种现象、种种行为、种种心理结构、种种专业学科中，成为万象的研究结果，以及种种假设中的“现实”依据，解答人们不一的困境和需求。它还可以生成各类或有料、有趣、有深度、有沉积的数据图、信息图，实现信息可视化、数据可视化。

因为“互联网口述历史”还能抚育出无数的东西，所以，这又几乎是一项永远未竟的事业。

呈现在读者面前的“口述历史”，是有所删减的版本，为更适于出版。尽管“互联网口述历史”先以图书的形式呈现，但图书只是“互联网口述历史”的一种产品形式，而且只是一个转化的产品，它并非“互联网口述历史”的最终产品和唯一产品。自然地，由于图书本身的特性及文化传播价值，它也得到我们出版单位和社会各界的重视和支持。本套“互联网口述系列丛书”，也获得了国家出版基金的支持。2017 年年底，根据刘强东口述出版的作品《我的创业史》，获得了《作家文摘》评选的年度十佳非虚构图书。在一批中国“互联网口述历史”之后，我们将推出国外“互联网口述历史”。除图书外，未来我们也会开发和转化纪录片、视频等产品内容和成果，甚至成立博物馆及研究中心。总之，我们期待还能发展为更多有意义的形式和形态，也希望您能继续关注。

余世存老师在回忆整理和编写《非常道》的过程中，说自己当时“常常为一段故事激动地站起来在屋子里转圈，又或者为一句话停顿下来流眼泪”。

在整理“互联网口述历史”的过程中，我们同样深感如此。因为能触及种种场景、种种感受、种种人生，我们常常因“口述者”的激情、痛苦、人性光辉、思想闪光而震撼、紧张、欣慰，也曾被某一句话惊出冷汗；有些“口述者”的思想分享连续不断，让人应接不暇、让人亢奋激动、让人拍案叫绝、让人脑洞大开，甚至让人茅塞顿开；一些让我们心痛、落泪的故事，却在“口述者”的低声慢语间送达。同时，我们也“见证”了很多阻力与才智、生存与反抗、偶然与机遇、智虑与制度、弱德与英勇……每位口述者，都像一面镜子，映照出千千万万的创业者、创新者、先驱者、革命者、领跑者，还有隐秘的英雄、坚忍的失势者、挺过来的伤者、微笑转身者、孤独翻山者……

幸运地，我们能触碰这些“宝藏”。更加幸运地，今天的我们能把它们都保留下来、呈现出来，领受前辈们分享的无价礼物。

数字化大师、麻省理工学院教授尼葛洛庞帝

（Nicholas Negroponte）曾这样评价方兴东博士及“互联网口述历史”：“你做的口述历史这项工作非常有意义。因为互联网历史的创造者，现在往往并不知道自己所做的事情有多么伟大，而我们的社会，现在也不知道这些人做的事情有多么伟大。”

也有非常多的人如此建议和评价方兴东博士的“互联网口述历史”：“也别太用心费神，那种东西有价值、有意义，但是没人看……”

电子工业出版社的刘声峰曾说：“这个工作，功德无量。”

在不同人的眼中，“互联网口述历史”有着不同的分量和意义。也许这项工程在别人眼中是“无底洞”，是“得不偿失”，是“用手走路”，是“费力不讨好”，是“杀鸡用牛刀”，但我们自有坚持下来的动力和源泉。

美国作家罗伯特·麦卡蒙（Robert R. McCammon）

在他的小说《奇风岁月》中有这样一段触动人心的文字："我记得很久以前曾经听人说过一句话——如果有个老人过世了，那就好像一座图书馆被烧毁了。我忽然想到，那天在《亚当谷日报》上看到戴维·雷的讣告，上面写了很多他的资料，比如，他是打猎的时候意外丧生的，他的父母是谁，他有一个叫安迪的弟弟，他们全家都是长老教会的信徒。另外，讣告上还注明了葬礼的时间是早上 10 点 30 分。看到这样的讣告，我惊讶得说不出话来，因为他们竟然漏掉了那么多更重要的事。比如，每次戴维·雷一笑起来，眼角就会出现皱纹；每次他准备要跟本斗嘴的时候，嘴巴就会开始歪向一边；每当他发现一条从前没有勘探过的森林小径时，眼睛就会发亮；每当他准备要投快速球的时候，就会不自觉咬住下唇。这一切，讣告里只字未提。讣告里只写出戴维·雷的生平，可是却没有告诉我们他是个什么样的孩子。我在满园的墓碑中穿梭，脑海中思绪起伏。这个墓园里埋藏了多少被遗忘的故事，埋藏了多少被烧毁的老图书馆？还有，年复一年，究竟有多少年轻的灵魂在这里累积了越来越多的故事？这些故事被遗忘了，失落了。我好渴望能够有个像电影院的地方，里头有一本记录了无数名字的目录，我们可以在目录里找出某个人的名字，按下一个按钮，银幕上就会出现某个人的脸，然后他会告诉你他一生的故事。如果世上真有这样的地方，那会很像一座天底下最生动有趣的纪念馆，我们历代祖先的灵魂会永远活在那里，而我们可以听到他们沉寂了百年的声音。当我走在墓园里，聆听着那无数沉寂了百年、永远不会再出现的声音，我忽然觉得我们真是一群浪费宝贵资产的后代。我们抛弃了过去，而我们的未来也就因此消耗殆尽。”

我想，以上文字应该是所有“口述历史”工作者、研究者的共同愿望，同时它也回答了人们坚持下来的答案和意义。

尽管，我们做的是非常难的事。之前的一切访谈都是方兴东博士以个人的身份在做这件事，他自己或带着助理，联络、采访各口述者。2014 年起，我们组建了团队，承担起了访谈之后的整理、保存、保密、转化、出版等工作，但却常常有逆水行舟之感。因为方兴东博士在当年访谈完毕后并没有与口述者签署授权，我们补要授权已经是在访谈多年之后了，这增加了我们工作推进的难度。对于口述者来说，因为时间久远，且当时访谈是一个人，事后联络、沟通、确认、跟进的是另一个人，这便有了种种不同的理解。我们要在其中极力解释和争取，一方面保护好口述者，另一方面保护好方兴东博士，甚至再细致地解释方兴东博士当年也许使对方知会过的“知情同意权”（我们要做什么，口述者有哪些权利，可能会被怎么研究，我们如何保密，有哪些使用限制，会转化哪些成果，等等），然后授权。然而，我们不得不面对的现实是：事隔多年，有的口述者已经不愿面对这一次的访谈了；

也有的是不愿面对口述历史这种文本/文体；甚至有的口述者不愿再面对曾经提到的这些记忆（因访谈之后间隔过长，他的理解、想法、心理、记忆清晰程度，都有了变化）。还有的，有些口述历史已经确认并准备出版，而方兴东博士又临时进行了再次的访谈，我们就要将新的访谈内容再补入之前的版本中，然后再让口述者确认。这几年间，方兴东博士作为发起人，他对“互联网口述历史”有感情、有想法、有感觉，因此，我们也陪同经历了多次大改动、大建议、大方向的调整（我们的“已完成”，一次次被摊薄了）……这些加在一起，使我们都觉得是在做难上加难的事（因为我们没能按照惯常口述历史工作方法的顺序）。

回顾这几年，“互联网口述历史”对我们来说，也像是某种程度的创业，这期间遇到了多少干扰和阻力，咽下了多少苦闷和误解，吞下了多少不甘和负气，忍下了多少寂寞和煎熬，扛下了多少质疑和冷眼，这些只有我们自己清楚。对于我个人，还要面对团队成员不同原因的陆续离开……有时也会突然懂得和理解方兴东博士，无论是他经营公司，还是做“互联网口述历史”。对于其中的孤独、煎熬和坚守，相信他也一样理解我们。

以多年出版人的身份和角度讲，我同样替读者感到高兴，因为“互联网口述历史”实在有太多能量了，就像一个宝藏（当然，这也归功于“口述历史”这个特别形式的存在），这些能量有很大一部分可以转化成为“卖点”。在“互联网口述历史”里，读者可以看到过去与今天、政治与文化、他人与自己，也能看到趋势、机会、视野、因果、思维方式，还有管理、融资、创业、创新，还有励志、成功，以及辛酸挫折、泪水欺骗、潦倒狼狈、热爱、坚持；这里有故事，也有干货；有实用主义的，也有精神层面的；有历史的 A 面，同样有历史的 B 面；甚至其中有些行业问题、创业问题，依然能透过历史照入今天，解决此时此刻你的困惑与难题。所以，希望读者能够在我们不断出版的“互联网口述历史”中，各取所需，各得其所。希望在你困苦的时候，能有一双经验之手穿过历史帮助你、提醒你、抚慰你。也希望你在有收获之余，还能够有所反思，因为，“反思，是‘口述历史’的核心”（汪丁丁语）。

最后想说的是，如果你有任何与“互联网历史”有关的线索、史料、独家珍藏的照片，或想向我们提供任何支持，我们表示感谢与欢迎。“互联网口述历史”始终在继续。

最后，感谢“互联网口述历史”项目执行团队！也感谢有你的支持！更多感激，我们将在“致谢”中表达！

2016 年 5 月 18 日初稿

2018 年 2 月 7 日复改

致谢

在“互联网口述历史”项目推动前行的过程中，感激以下每位提到或未能提到，每个具名或匿名的朋友们的辛苦努力和关照！

感谢方兴东博士十年来对“互联网口述历史”的坚持和积累，因为你的坚韧，才为大家留下了不可估量的、可继续开发的“财富”。

感谢汪丁丁老师对“互联网口述历史”项目小组的特别关心，以及您给予我们的难得的叮嘱与珍贵的分享。

感谢赵婕女士，感谢你对我们工作所有有形、无形的支援，让我们在“绝望”的时候坚持下来，感谢你懂我们工作当中的“苦”。感谢你给我们的醍醐灌顶般的工作方式的建议，以及对我们工作的优化和调整。

感谢杜运洪、孙雪、李宁、杜康乐、张爱芹等人无论风雨，跟随方兴东博士摄制“互联网口述历史”，是你们的拍摄、录制工作，为我们及时留下了斑斓的互联网精彩。同样感谢你们的身兼数职、分身有术，牺牲了那么多的假日。

感谢钟布、李颖，为“互联网口述历史”的国际访谈做了重要补充。

感谢范媛媛，在“互联网口述历史”国际访谈方面，起到特殊的、重要的联络与对接作用。

感谢“互联网实验室文库”图书编辑部的刘伟、

杜康乐、李宇泽、袁欢、魏晨等人，感谢你们耐住枯燥乏味，一次次的认真和任劳任怨，较真死磕和无比耐心细致的工作精神，并且始终默默无怨言。

在“互联网口述历史”的整理过程中，同样要感谢编辑部之外的一些力量，他们是何远琼、香玉、刘乃清、赵毅、冉孟灵、王帆、雷宁、郭丹曦、顾宇辰、王天阳等人，感谢你们的认真、负责，为“互联网实验室文库”添砖加瓦。

感谢互联网实验室、博客中国的高忆宁、徐玉蓉、张静等人，感谢你们给予编辑部门的绝对支持和无限理解。

感谢许剑秋，感谢你对“互联网口述历史”项目贡献的智慧与热情，以及独到、细致的统筹与策划。

感谢田涛、叶爱民、熊澄宇等几位老师，感谢你们对我们的指导和建议，感谢你们在“互联网口述历史”项目上所使的种种的力。

感谢中国互联网协会前副秘书长孙永革老师帮助我们所做的部分史实的修正及建议。

感谢薛芳，感谢你以记者一贯的敏锐和独到，为“互联网口述历史”提供了难得的补充。

感谢汕头大学的梁超、原明明、达马（Dharma Adhikari）几位老师，以及张裕、应悦、罗焕林、刘梦婕、程子姣同学为“互联网口述历史”国际访谈的转录和翻译做了大量的辛苦工作；感谢范东升院长、毛良斌院长、钟宇欢的协调与帮助。

感谢李萍、华芳、杨晓晶、马兰芳、严峰、李国盛、马杰、田峰律师、杨霞、红梅、中岛、李树波、陈帅、唐旭行、冉启升、李江、孙海鲤、韩捷（小巴）等对我们所做工作的鼎力支持与支援。

感谢电子工业出版社的刘九如总编辑、刘声峰编辑、黄菲编辑、高莹莹老师，感谢你们为丛书贡献了绝对的激情、关注、真诚，以及在出版过程中那些细枝末节的温情的相助。

感谢博客中国市场部的任喜霞、于金琳、吴雪琴、崔时雨、索新怡等人对“互联网实验室文库”的支持，以及有效的推广工作。

在项目不同程度的推进过程中，同时感谢出版界的其他同仁，他们是东方出版社的龚雪，中信国学的马浩楠，中华书局的胡香玉，凤凰联动的一航，长江时代的刘浩冰，中信出版社的潘岳、蒋永军、曹萌瑶，生活·读书·新知三联书店的朱利国，商务印书馆的周洪波、范海燕，机械工业出版社的周中华、李华君，图灵公司的武卫东、傅志红，石油工业出版社的王昕，人民邮电出版社的杨帆，电子工业出版社的吴源，北京交通大学出版社的孙秀翠，中国发展出版社的马英华等人，感谢你们给予“互联网口述历史”的支持、关心、惦记和建议。

感谢腾讯文化频道的王姝蕲、张宁，感谢你们对

"互联网实验室文库"的支持。

感谢中央网信办、中国互联网协会、首都互联网协会、汕头大学新闻与传播学院、汕头大学国际互联网研究院、浙江传媒学院互联网与社会研究中心等机构的大力支持。

在编辑整理"互联网口述历史"的过程中，我们同时参考了大量的文献资料，在此向各文献作者表示衷心的感谢。你们每次扎实、客观的记录，都有意义。

感谢众多在"口述历史""记忆研究"领域有所建树和继续摸索的前辈老师，感谢与"口述历史""记忆"，以及历史学、社会学、档案学、心理学等领域相关的论文、图书的众多作者、译者、出版方，是你们让我们有了更便利的学习、补习方式，有了更扎实的理论基础，让我们能够站在巨人的肩膀上看得更远，走得更远。感谢你们对我们不同程度的启发和帮助。

感谢崔永元口述历史研究中心的同仁，感谢温州大学口述历史研究所的公众号及杨祥银博士，感谢你们对“互联网口述历史”的关注和关心。

感谢陈定炜（TAN Tin Wee），全吉男（Kilnam Chon），中欧数字协会的鲁乙己（Luigi Gambardella）与焦钰，Diplo 基金会的 Jovan Kurbalija 与 Dragana Markovski，计算机历史博物馆的戈登·贝尔（Gordon Bell）与马克·韦伯（Marc Weber），以及世界经济论坛的鲁子龙（Danil Kerimi），IT for Change 的安妮塔（Anita Gurumurthy）等人为“互联网口述历史”项目推荐和联络口述者，为我们提供了更多采访海外互联网先锋的机会。

感谢田溯宁、毛伟、刘东、李晓东、张亚勤、杨致远等人，深深感谢“互联网口述历史”已访谈和将访谈的，曾为中国互联网做出贡献和继续做贡献的精英与豪杰们，是你们让互联网的“故事”和发展更加精彩，也让我们的“互联网口述历史”能有机会记录这份精彩。

“互联网口述历史”的感谢名单是列不完的，因为它的背后有庞大的人群为我们做支持，提供帮助，给建议。

感谢你们！

互联网口述历史：人类新文明缔造者群像

“互联网口述历史”工程选取对中国与全球信息领域全程发展有特殊贡献的人物，通过深度访谈，多层次、全景式反映中国信息化发生、发展和全球崛起的真实全貌。该工程由方兴东博士自 2007 年开始启动耕作，经过十年断断续续的摸索和收集，目前已初现雏形。

“口述历史”是一种搜集历史的途径，该类历史资料源自人的记忆。搜集方式是通过传统的笔录、录音和录影等技术手段，记录历史事件当事人或目击者的回忆而保存的口述凭证。收集所得的口头资料，后与文字档案、文献史料等核实，整理成文字稿。我们将对互联网这段刚刚发生的历史的人与事、真实与细节，进行勤勤恳恳、扎扎实实的记录和挖掘。

“互联网口述历史”既是已经发生的历史，也是正在进行的当代史，更是引领人类的未来史；既是生动鲜活的个人史，也是开拓创新的企业史，更是波澜壮阔的时代史。他们是一群将人类从工业文明带入信息文明的时代英雄！这些关键人物，他们以个人独特的能动性和创造性，在人类发展关键历程的重大关键时刻，曾经发挥了不可替代的关键作用，真正改变了人类文明的进程。他们身上所呈现的价值观和独特气质，正是引领人类走向更加开阔的未来的最宝贵财富。

尼葛洛庞帝曾这样对方兴东说：“你做的口述历史这项工作非常有意义。因为互联网历史的创造者，现在往往并不知道自己所做的事情有多么伟大，而我们的社会，现在也不知道这些人做的事情有多么伟大。”

我们希望将各层面核心亲历者的口述做成中国和

全球互联网浪潮最全面、最丰富、最鲜活的第一手材料，作为互联网历史的原始素材，全方位展示互联网的发展历程和未来走向。

我们的定位：展现人类新文明缔造者群像，启迪世界互联新未来。

我们的理念：历史都是由人民群众创造的，但是往往是由少数人开始的。由互联网驱动的这场人类新文明浪潮就是如此，我们通过挖掘在历史关键时刻起到关键作用的关键人物，展现时代的精神和气质，呈现新时代的价值观和使命感，引领人类每一个人更好地进入网络时代。

我们的使命：发现历史进程背后的伟大，发掘伟大背后的历史真相！

“互联网口述历史”现场，李开复与方兴东。

（摄于2015年10月17日）

“互联网口述历史”现场，杨宁与方兴东。

（摄于2015年11月30日）

“互联网口述历史”现场，刘强东与方兴东、赵婕。

（摄于 2015 年 12 月 13 日）

“互联网口述历史”现场，倪光南与方兴东。

（摄于 2015 年 6 月 28 日）

“互联网口述历史”现场，张朝阳与方兴东。

（摄于 2014 年 1 月 12 日）

“互联网口述历史”现场，周鸿祎与方兴东。

（摄于 2013 年 10 月 1 日）

“互联网口述历史”现场，吴伯凡与方兴东。

（摄于 2010 年 9 月 16 日）

“互联网口述历史”现场，田溯宁与方兴东。

（摄于 2014 年 1 月 28 日）

“互联网口述历史”现场，陈彤与方兴东。

（摄于 2010 年 8 月 21 日）

“互联网口述历史”现场，钱华林与方兴东。

（摄于 2014 年 1 月 27 日）

“互联网口述历史”现场，刘九如与方兴东。

（摄于 2014 年 3 月 13 日）

“互联网口述历史”现场，张树新与方兴东。

（摄于 2014 年 2 月 17 日）

“互联网口述历史”访谈后合影，拉里·罗伯茨（Larry Roberts）与方兴东。

（摄于 2017 年 8 月 3 日）

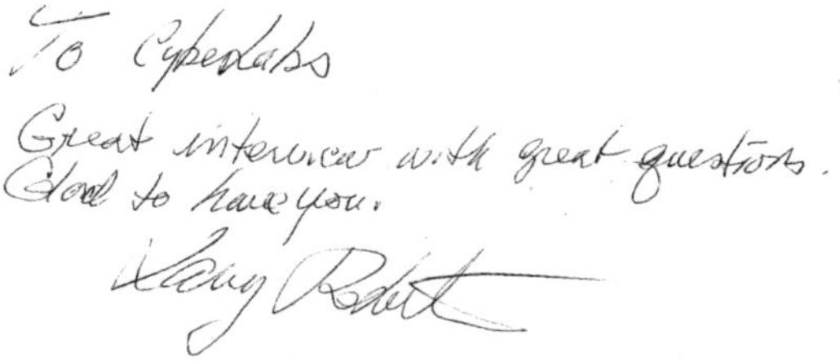

致互联网实验室：

很棒的采访，精心设计的问题。

与你们见面很开心。

——拉里·罗伯茨

“互联网口述历史”访谈后合影，伦纳德·罗兰罗克（Leonard Kleinrock）与方兴东。

（摄于 2017 年 8 月 5 日）

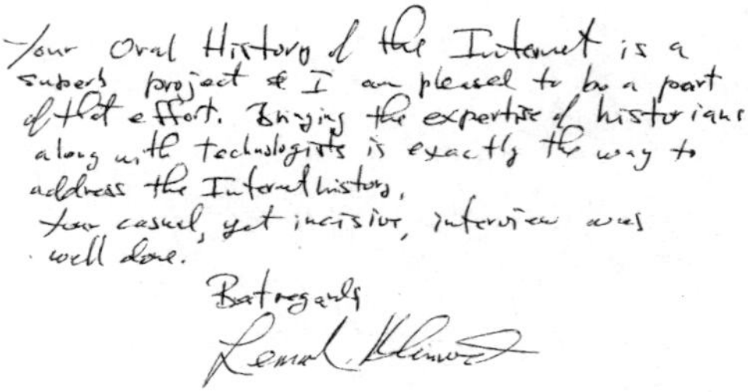

Your Oral History of the Internet is a superb project & I am pleased to be a part of that effort. Bringing the expertise of historians along with technologists is exactly the way to address the Internet history.
Your casual, yet incisive, interview was well done.

Best regards
Leonard Kleinrock

“互联网口述历史”是一个很棒的项目，很开心能参与其中。将历史与技术专业融合探索是了解互联网历史的最好方法。你们的采访轻松但深刻，很棒。

祝顺！

——伦纳德·罗兰罗克

“互联网口述历史”访谈后合影，温顿·瑟夫（Vint Cerf）与方兴东。

（摄于2017年8月7日）

I enjoyed reliving the story of the Internet. There is much more to tell!

Vint Cerf

8/7/2017

十分享受重温互联网故事的过程。意犹未尽！

——温顿·瑟夫

“互联网口述历史”访谈后鲍勃·卡恩（Bob Kahn）签名。

（摄于2017年8月28日）

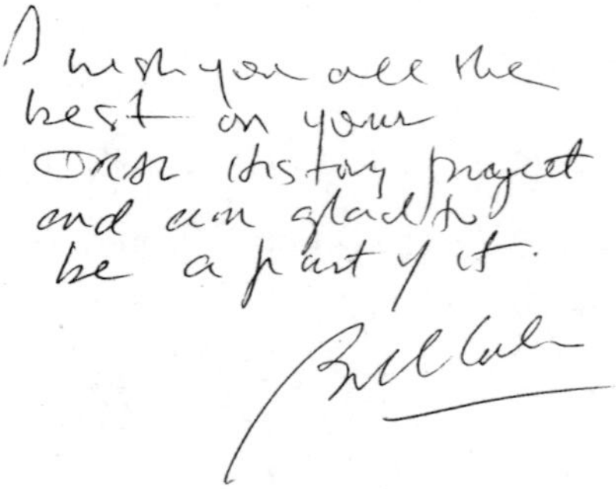

希望你们的口述历史项目一切顺利。十分开心可以参与其中。

——鲍勃·卡恩

“互联网口述历史”访谈后合影，斯蒂芬·克罗克(Stephen Croker)与方兴东。

（摄于2017年8月8日）

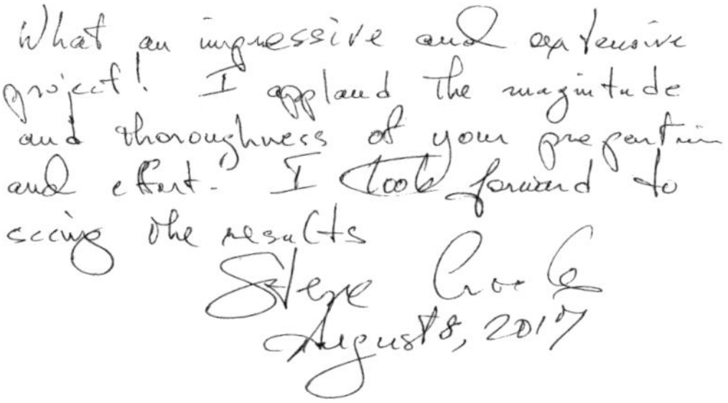
What an impressive and extensive project! I applaud the magnitude and thoroughness of your preparation and effort. I look forward to seeing the results

Steve Crocker
August 8, 2017

一个令人印象深刻的项目。你们严谨而深入的前期准备和努力，值得赞许。期待看到你们的项目成果。

——斯蒂芬·克罗克

“互联网口述历史”访谈后合影，斯蒂芬·沃夫（Stephen Wolff）与方兴东。

（摄于 2017 年 8 月 10 日）

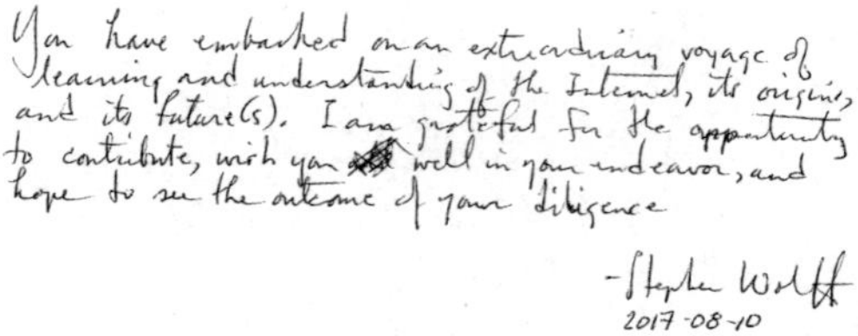

You have embarked on an extraordinary voyage of learning and understanding of the Internet, its origins, and its future(s). I am grateful for the opportunity to contribute, wish you well in your endeavor, and hope to see the outcome of your diligence

-Stephen Wolff
2017-08-10

你们已经踏上了一条学习和了解互联网，探索其起源和未来发展的非同寻常之旅。十分感谢有机会能够贡献自己的一份力量。祝愿你们的项目进展顺利，期待早日看到你们的工作成果。

——斯蒂芬·沃夫

“互联网口述历史”访谈现场，维纳·措恩（Werner Zorn）接受提问。

（摄于 2017 年 12 月 5 日）

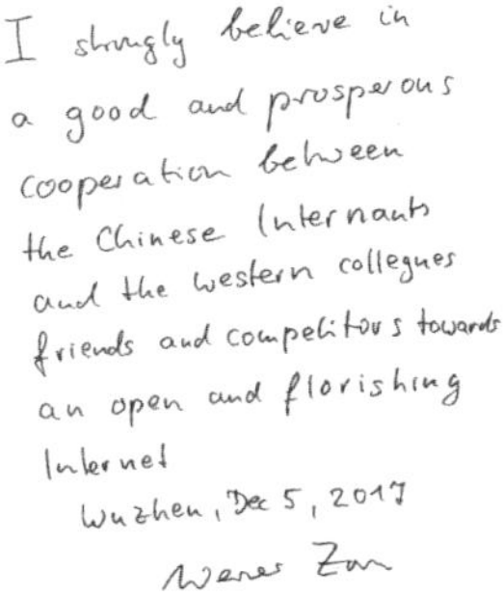

我坚信中国互联网参与者与西方同仁、伙伴和竞争者之间友好繁荣的合作会带来一个开放和蓬勃发展的互联网。

——维纳·措恩

“互联网口述历史”访谈现场，路易斯·普赞（Louis Pouzin）接受提问。

（摄于 2017 年 12 月 19 日）

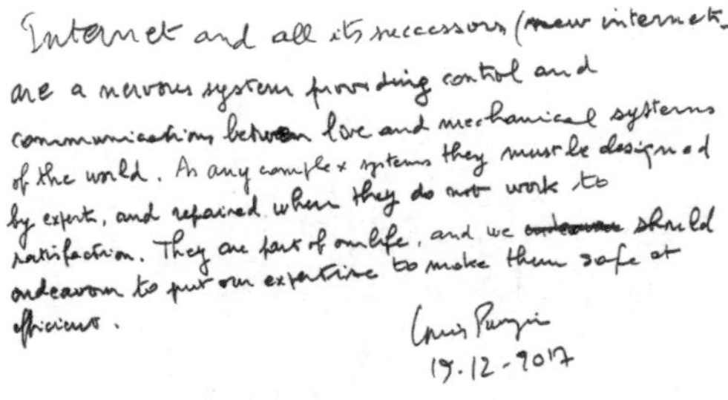

Internet and all its successors (new internet)
are a nervous system providing control and
communications between live and mechanical systems
of the world. As any complex systems they must be designed
by experts, and repaired when they do not work to
satisfaction. They are part of our life, and we should
endeavour to put our expertise to make them safe and
efficient.

Louis Pouzin
19.12-2017

互联网及其所有继任者（新互联网）是一个神经系统，为世界的生命系统和机械系统提供控制和交流的平台。与任何复杂的系统一样，它们须由专家设计，并在其工作不畅时及时进行修复。它们是我们生活的一部分，我们理应倾注我们的力量使其更加安全和高效。

——路易斯·普赞

“互联网口述历史”访谈现场，全吉男（Chon Kilnam）接受提问。

（摄于 2017 年 12 月 5 日）

Hope you can come up with good interviews with collaboration of others in Asia, North America, Europe, and others. Let me know if you need any support on this matter. Good luck on these important topics.

2017.12.5

Chon Kilnam

全吉男

希望你们与亚洲、北美洲、欧洲及其他地区的人能够合作进行更多优秀的采访。如果需要我的支持，请与我联系。预祝项目进展顺利。

——全吉男

（因版面有限，仅做部分照片展示。感谢您的关注！所有照片及资料受版权保护，未经授权不得转载、翻拍或用于其他用途。）

互联网实验室文库

21世纪的走向未来丛书

我们正处于互联网革命爆发期的震中，正处于人类网络文明新浪潮最湍急的中央。人类全新的网络时代正因为互联网的全球普及而迅速成为现实。网络时代不再仅是体现在概念、理论或者少数群体中，而是体现在每个普通人生活方式的急剧改变之中。互联网超越了技术、产业和商业，极大拓展和推动了人类在自由、平等、开放、共享、创新等人类自我追求与解放方面的新高度，构成了一部波澜壮阔的人类社会创新史和新文明革命史！

过去 20 年，互联网是中国崛起的催化剂；未来 20 年，互联网更将成为中国崛起的主战场。互联网催化之下全民爆发的互联网精神和全民爆发的创业精神，两股力量相辅相成，相互促进，自下而上呼应了改革开放的大潮，助力并成就了中国崛起。互联网成为中国社会与民众最大的赋能者！可以说，互联网是为中国准备的，因为有了互联网，21 世纪才属于中国。

互联网给中国最大的价值与意义在于内在价值观和文明观，就是崇尚自由、平等、开放、创新、共享等内核的互联网精神，也就是自下而上赋予每个普通人以更多的力量：获取信息的力量，参政议政的力量，发表和传播的力量，交流和沟通的力量，社会交往的力量，商业机会的力量，创造与创业的力量，爱好与兴趣的力量，甚至是娱乐的力量。通过互联网，每个人，尤其是弱势群体，以最低成本、最大效果地拥有了更强大的力量。这就是互联网精神的革命性所在。互联网精神通过博客、微博和微信等的普及，得以在中国全面引爆开来!

如今，中国已经成为互联网大国，也即将成为世界的互联网创新中心。从应用和产业层面，互联网已经步入“后美国时代”。但是目前互联网新思想依然是以美国为中心。美国是互联网的发源地，是互联网创新的全球中心，美国互联网“思想市场”的活跃程度迄今依然令人叹服。各种最新著作的引进使我们与世界越来越同步，成为助力中国互联网和社会发展的重要养料。而今天中国对于网络文明灵魂——互联网精神的贡献依然微不足道！文化的创新和变革已经成为中国互联网革命非常大的障碍和敌人，一场中国网络时代的新启蒙运动已经迫在眉睫。“互联网实验室文库”的应运而生，目标就是打造“21 世纪的走向未来丛书”，打造中国互联网领域文化创新和原创性思想的第一品牌。

互联网对于美国的价值与互联网对于中国的价

值，有共同之处，更有不同。互联网对于美国，更多是技术创新的突破和社会进步的催化；而在中国，互联网对于整个中国社会的平等化进程的推动和特权力量的消解，是前所未有的，社会变革意义空前！所以，研究互联网如何推动中国社会发展，成为“互联网实验室文库”的出发点。文库坚持“以互联网精神为本”和“全球互联，中国思想”为宗旨，以全球视野，着眼下一个十年中国互联网发展，期望为中国网络强国时代的到来谏言、预言和代言！互联网作为一种新的文明、新的文化、新的价值观，为中国崛起提供了无与伦比的动力。未来，中国也必将为全球的互联网文化贡献自己的一份力量！

“互联网实验室文库”得到了中国互联网协会、首都互联网协会、汕头大学国际互联网研究院、数字论坛和浙江传媒学院互联网与社会研究中心等机构的鼎力支持。因为我们共同相信，打造“21 世纪的走向未来丛书”是一项长期的事业。我们相信，中国互联网思想在全球崛起也不是遥不可及，经过大家的努力，中国为全球互联网创新做出贡献的时刻已经到来，中国为全球互联网精神和互联网文化做出贡献的时刻也即将开始。我们相信，随着互联网精神大众化浪潮在中国的不断深入，让 13 亿人通过互联网实现中华民族的伟大复兴不再是梦想！让全世界 75 亿人全部上网，进入网络时代，也一定能够实现。而在这一伟大的历程中，中国必将扮演主要角色。

互联网实验室创始人、丛书主编　方兴东

注释

[1] 编注：指用 Intel 80486 作为处理器的 PC 个人计算机，也是个人计算机进于 32 位时代的产品。在 1990 年前后的两年内具有一定的先进性，随后被“奔腾”（586）机型取代。

[2] 编注：FTP 是 File Transfer Protocol（文件传输协议）的英文简称，中文简称为“文传协议”。其用于互联网上的控制文件的双向传输。同时，它也是款流行的网络应用程序（Application）。

[3] 编注：孙玉芳，生于 1947 年 1 月，江苏省张家港人，曾任中科院软件所副所长、中国软件行业协会 UNIX 分会秘书长、北京中科红旗软件技术有限公司董事长兼首席科学家等，也是国内早期研究、分析 UNIX 和 Linux 系统的专家，领域内知名度很高，不幸于 2005 年 1 月 13 日早逝。

[4] 编注：中国原子能科学研究院（简称原子能院），代号 401 所，位于北京市房山区，是中国核科学技术的发源地和国防核科研、核能开发研究和核基础科研基地。

[5] 编注：仲萃豪，1934 年 9 月生于上海市。中国第一代软件学术带头人

之一，曾任中国科学院软件所研究员、北京市政府顾问、软件工程国家工程研究中心研究员等。逝于2011年5月13日。

6 编注：UNIX操作系统（尤尼斯）是一个强大的多用户、多任务分时操作系统，支持多种处理器架构。最早由Ken Thompson、Dennis Ritchie和Douglas McIlroy于1969年在AT&T的贝尔实验室开发，后不断发展完善，著名的Linux从其衍生而来。现在两者均具有极大的用户量。

7 编注：唐孝威，1931年10月出生，江苏无锡人。原子核物理及高能物理学家，中国科学院院士，曾任中国科学院高能物理研究所研究员、苏联杜布纳联合原子核研究所中方研究员、西德电子同步加速器中国组组长、中国科学技术大学兼职教授、中国科学院物理学数学部委员、中国和平统一促进会理事等。

8 编注：SLAC，国家加速器实验室，原名斯坦福直线加速器中心，成立于1962年，为美国能源部下属的国家实验室，在能源部的方案下由斯坦福大学指挥运作。主要的研究方向有运用电子束进行基本粒子物理的实验及理论研究、原子物理、固态物理、使用同步辐射光源的化学、生物及医学研究。

9 编注：混沌现象是指发生在确定性系统中的貌似随机的不规则运动。一个确定性理论描述的系统，其行为却表现为不确定性——不可重复、不可预测，这就是混沌现象。

10 编注：示波器是一种用途十分广泛的电子测量仪器。它能把肉眼看不见的电信号转换成看得见的图像，便于人们研究各种电现象的变化过程。利用示波器能观察各种不同信号幅度随时间变化的波形曲线，还可以用它测试各种不同的电量，如电压、电流、频率、相位差、调幅度等。

[11] 编注：BITNET 是一种连接世界教育单位的计算机网络，类似于 Internet(互联网)，但是与 Internet 是相互独立的。用户可以在 BITNET 和 Internet 之间发送电子邮件。随着 Internet 的逐步发展，BITNET 的作用已经变得越来越小。

[12] 编注：调制解调器（Modem），俗称“猫”。

[13] 编注：TA（Teaching Assistantship），即助教奖学金。

[14] 编注：RA（Research Assistantship），即助研奖学金。

[15] 编注：Oracle，甲骨文公司，全称甲骨文股份有限公司(甲骨文软件系统有限公司)，是全球最大的企业级软件公司，总部位于美国加利福尼亚州的红木滩，1989 年正式进入中国市场。

[16] 编注：SGI（Silicon Graphics），中文商标：硅图。美国硅图公司成立于 1982 年，是一个生产高性能计算机系统的跨国公司，总部设在美国加利福尼亚州旧金山硅谷。

[17] 编注：Sun Microsystems 是 IT 及互联网技术服务公司，创建于 1982 年，主要产品是工作站及服务器，1986 年在美国上市，1992 年推出了市场上第一台多处理器台式机 SPARCstation 10 system，并于 1993 年进入财富 500 强，后被甲骨文（Oracle）公司收购。

[18] 编注：李政道，1926 年 11 月生于上海，江苏苏州人，哥伦比亚大学全校级教授，美籍华裔物理学家，诺贝尔物理学奖获得者。

[19] 编注：美国数字设备公司（Digital Equipment Corporation，DEC），成立于 1957 年，以生产 PDP 91 和 VAX 11 小型计算机及超级小型计算机著名。当时中国科研单位多使用 VAX 11 计算机。1998 年 1 月被康柏公司（Compaq）以 96 亿美元收购，2001 年惠普、康柏宣布合并。

[20] 编注：周光召，1929 年 5 月生，湖南宁乡人，著名科学家，曾任中国科学院院长、党组书记，中国物理学会副理事长，中国国际交流协会副会长，中国科学技术协会常务理事、副主席，中国国际科技促进会副会长，国家科技领导小组成员等。

[21] 编注：郑志鹏，生于 1940 年 6 月，广西宁明人，高能物理学专家、探测器专家、中国科学院高能物理研究所研究员、博士生导师、美国纽约科学院院士，曾任中国科学院高能物理研究所所长、广西大学校长、中国物理学会副理事长、亚洲未来加速器委员会主席等。

[22] 编注：胡启恒，女，陕西榆林人，模式识别专家，中国工程院院士，曾任中国自动化学会副理事长、模式识别及机器智能专业委员会副主任、中国科学院副院长、中国计算机学会理事长、中国科学技术协会副主席、中国互联网协会理事会理事长等。

[23] 编注：1989 年 8 月 26 日，经过国家计委组织的世界银行贷款“NCFC”项目论证评标组的论证，中国科学院被确定为该项目的实施单位。同年 11 月组成了“NCFC”（中国国家计算机与网络设施，The National Computing and Networking Facility of China）联合设计组，是国内第一个示范网络。

[24] 编注：X.25 是一个使用电话或者 ISDN 设备作为网络硬件设备来架构广域网的 ITU-T 网络协议，是第一个面向连接的网络，也是第一个公共数据网络。在国际上，X.25 的提供者通常称 X.25 为分组交换网（Packet Switched Network），尤其是那些国际化大型电话公司。它们的复合网络从 20 世纪 80 年代到 90 年代覆盖全球主要地区，现仍然应用于交易系统中。

[25] 编注：CNPAC（China Public Packet Switched Data Network，也简称为

ChinaPAC)，中国公用分组交换数据网，是中国第一个公用分组交换网，于1989年建成运行。它以X.25协议为基础，可满足不同速率、不同型号终端之间，终端与计算机之间，计算机之间及局域网之间的通信。

26 编注：AT&T公司（英语：AT&T Inc.，原为American Telephone & Telegraph的缩写，也是中文译名美国电话电报公司的由来，但近年来已不用全名）是一家美国电信公司，创建于1877年，曾长期垄断美国通信市场。

27 编注：赵维仁，1945年4月出生，诸暨市暨阳街道人，硕士学位，研究员。中国核物理学先驱，中科院高能物理研究所研究员，中国物理学会高能物理分会会员，曾任《高能物理与核物理》杂志编委。

28 编注：20世纪80年代的美国网络不叫互联网，而叫ARPAnet。所谓“阿帕网”（ARPA），当时用的是美国高级研究计划署（Advanced Research Project Agency）的简称。其核心机构之一是信息处理办公室（IPTO Information Processing Techniques Office），一直在关注计算机图形、网络通信、超级计算机等研究课题。阿帕网为美国国防部高级研究计划署开发的世界上第一个运营的包分组交换网络，是全球互联网的创始者。

29 编注：熊秉群，云南弥勒人，曾任北京邮电学院教务处处长、邮电部教育局局长、邮电部邮电科学研究院院长、大唐电信科技股份有限公司副董事长兼总裁等。

30 编注：大唐电信科技股份有限公司是大唐电信科技产业集团（暨电信科学技术研究院）控股的高科技企业。公司主要从事微电子、软件、通信接入、通信终端、通信应用与服务等领域的产品开发与销售。

31 编注：TCP/IP（Transmission Control Protocol / Internet Protocol，传输控制协议/网际互联协议）是互联网最基本的协议，由网络层的 IP 协议和传输层的 TCP 协议组成。TCP/IP 定义了电子设备如何连入互联网及如何在它们之间传输数据的标准。

32 编注：3W 网，WWW 是环球信息网的缩写，中文名字为“万维网”“环球网”等，常简称为 Web。分为 Web 客户端和 Web 服务器程序。

33 编注：麻省理工学院（MIT）。

34 编注：欧洲核子研究组织（European Organisation for Nuclear Research，CERN）是世界上最大型的粒子物理学实验室，也是全球资讯网的发源地。

35 编注：蒂姆·伯纳斯·李（Tim Berners-Lee），生于 1955 年 6 月，英国计算机科学家，麻省理工学院教授，万维网发明者。

36 编注：Linux 是一套免费使用和自由传播的 UNIX 的衍生操作系统，是一个基于 POSIX 和 UNIX 的多用户、多任务、支持多线程和多 CPU 的操作系统。它能运行主要的 UNIX 工具软件、应用程序和网络协议，支持 32 位和 64 位硬件。Linux 继承了 UNIX 以网络为核心的设计思想，是一个性能稳定的多用户网络操作系统。该操作系统诞生于 1991 年的 10 月 5 日（第一次正式向外公布的时间）。Linux 有多种形式的版本，是现代网络系统和应用系统中应用极为普及的操作系统。

37 编注：樊岚，女，史密森学院（Smithsonian Institution）计算机科学家，毕业于南开大学信息科学专业。1993 年在许榕生教授的指导下，参加建设中国第一条互联网接入工作，并创作了中国第一个网站，设计了第一套高能所网页。曾任中科院高能所计算中心系统和网络管理员。

38 编注：郝柏林，1934 年 6 月生于北京，理论物理、计算物理学家，曾任中国科学院理论物理研究所研究员、所长等。

[39] 编注：国家自然科学基金委。

[40] 编注：中国教育与科研网（The China Education and Research Network，CERNET）是由国家投资建设，教育部负责管理，清华大学等高等学校承担建设和管理运行的全国性学术计算机互联网络，是中国的四大互联网骨干网之一。其正式运行是在1996年1月15日国务院批准之后。

[41] 编注：朱进，毕业于南京大学天文系，获博士学位。北京天文馆馆长。

[42] 编注：英文词本意为大使馆；邮件名中含其词表示了大使的职务（地位）。

[43] 编注：详见“附录”。

[44] 编注：安德海，北京市人，高能所计算中心网络组高级工程师，1993年高能所开通互联网时期的早期系统管理员，负责思科路由器的管理、电子邮箱的开发，以及第一台 WWW 服务器的系统维护。1995年曾到美国田纳西州阿岗国家实验室工作一年。

[45] 编注：钱天白，1945年生于江苏无锡，工程师，互联网专家。1990年11月28日，钱天白代表中国正式在国际互联网络信息中心（InterNIC）的前身 DDN－NIC 注册登记了我国的顶级域名.CN。1994年5月21日，在钱天白和德国卡尔斯鲁厄大学的协助下，中国科学院计算机网络信息中心完成了中国国家顶级域名（.CN）服务器的设置，改变了中国的.CN 顶级域名服务器一直放在国外的历史。钱天白于1998年5月8日在香山公园突发心脏病逝世。

[46] 编注：.CN，互联网国家和地区顶级域中代表中国的域名，中国互联网络信息中心（CNNIC）是.CN 域名注册管理机构，负责运行和管理相应的.CN 域名系统，维护中央数据库。

[47] 编注：陈宗周，1948年生于上海，《环球科学》《电脑报》创始人，曾任天极网董事长、中国科技报研究会副理事长等。

[48] 编注：互联网传教士、互联网牧师的含义或可直译为“互联网之父”。

[49] 来源：谭璐：《记者专访：与黑客过招的人》，《北京青年报》，2000年9月3日。http://tech.sina.com.cn/internet/china/2000-09-03/35643.shtml。

[50] 编注：中科院高能物理研究所网络安全实验室。

[51] 编注：卿斯汉，教授，博士生导师，国内外著名的密码学家、信息安全专家，曾任“国际信息与通信安全会议”（ICICS）的大会主席和程序委员会主席、国际信息处理联合会 IFIP TC11 中国代表、中国联合国咨商委员会委员、国际信息安全学报编委等。

[52] 编注：桂文庄，曾任中国科学院计算中心副主任、中国科学院应用研究与发展局（现为高技术研究与发展局）局长、中国科学院信息化工作领导小组副组长、中国计算机学会常务理事、中国互联网协会副理事长等。

[53] 编注：社会工程学（Social Engineering），在计算机科学中，指的是通过与他人的合法的交流，来使其心理受到影响，做出某些动作或者是透露一些机密信息的方式。这通常被认为是一种欺诈他人以收集信息、行骗和入侵计算机系统的行为。在英美普通法系中，这一行为一般是被认作侵犯隐私权的。历史上，社会工程学隶属于社会学，不过其影响他人心理的效果引起了计算机安全专家的注意。

[54] 编注：世界黑客大会，诞生于1997年，每年七八月份在美国的拉斯维加斯举行，是计算机黑客们的盛会，堪称一次“黑客大阅兵”。黑客竞赛是大会最吸引人的主题之一，顶尖黑客会获得不菲的奖金。

[55] 编注：黑帽安全技术大会是一个具有很强技术性的信息安全会议，会议引领安全思想和技术走向，参会人员包括企业和政府的研究人员，甚至还有一些民间团队。为了保证会议能够着眼于实际并且能够最快、最好地提出方案、问题的解决方法和操作技巧，会议环境保持中立和客观。黑帽安全技术大会是世界上最大的能够了解未来安全趋势的信息峰会，它的权威性更是独一无二的。在计算机业内，“黑帽”被用来比喻黑客、网络入侵、计算机病毒等阴谋诡计，因此把黑客们的聚会称为“黑帽子大会”。

[56] 编注：云安全联盟（Cloud Security Alliance，CSA）是在 2009 年的 RSA 大会（信息安全大会）上宣布成立的。自成立后，CSA 迅速获得了业界的广泛认可。联盟成立的目的是在云计算环境下提供最佳的安全方案。

[57] 编注：池伯鼎，生于 1927 年 3 月，福建省闽清县人，从事教育事业六十载，自 1962 年即致力“超前拔尖培养科技幼苗”试验，先后培养 14 位学生跳级上大学。发表作品多次获奖，曾被评为省、市劳动模范，先进教育工作者等，逝于 2014 年 1 月 30 日。

[58] 编注：池步洲，1908 年 2 月生于福建省闽清县，中国著名的密码破译专家，逝于 2003 年 2 月 4 日。

[59] 来源：朱红军、李响：《专家解析中国网络反黑现状　黑客产业链已形成》，《南方周末》，2007 年 12 月 18 日。http://www.infzm.com/content/trs/raw/25698。

[60] 来源：中国教育网络，《科研大数据：魅力在于找到那粒红色雨滴》，2015 年 3 月 19 日。http://www.edu.cn/xxh/ji_shu_ju_le_bu/dsj/201503/ t20150319_1238881.shtml。

[61] 来源：翟海涌：《许榕生：中国 Internet 先驱》，《网络世界》，2000 年 6 月 26 日。http://www.cnw.com.cn/cnw_old/2000/htm2000/2000011_ 2167.htm。

[62] 来源：黄玮、杨洁：《喝令“黑客”止步》，《解放日报》，2003年5月9日。

[63] 来源：王卉：《访谈：“反黑第一人”眼中的黑客》，《精品购物指南》，2000年9月15日。http://tech.sina.com.cn/review/media/2000-09-15/36844.shtml。

[64] 来源：左莉炜：《网络先驱的人生网络》，《福州晚报》，2000年6月12日。

[65] 来源：《Internet世界》，1997年第10期（引用时有删减）。http://www.friends-partners.org/ oldfriends/china/magazine/ 97/10/xurs.htm。

[66] 来源：中国科学院高能物理研究所网络安全实验室，2014年4月29日。http://www.ihep.cas.cn/ zdsys/ihepsec/sec_ihep1_1/201404/ t20140429_4102745.html。

项目资助名单

“互联网口述历史”(OHI)得到以下项目资助和支持:

国家社科基金一般项目

批准号：18BXW010

项目名称：全球史视野中的互联网史论研究

国家社科基金重大项目

批准号：17ZDA107

项目名称：总体国家安全观视野下的网络治理体系研究

教育部哲学社会科学研究重大课题攻关项目

批准号：17JZD032

项目名称：构建全球化互联网治理体系研究

国家自然科学基金重点项目
批准号：71232012
项目名称:基于并行分布策略的中国企业组织变革与文化融合机制研究

浙江省重点科技创新团队项目
计划编号：2011R50019
项目名称：网络媒体技术科技创新团队

图书在版编目（CIP）数据

光荣与梦想：互联网口述系列丛书．许榕生篇 / 方兴东主编．
—北京：电子工业出版社，2018.12
ISBN 978-7-121-33160-2

Ⅰ．①光…　Ⅱ．①方…　Ⅲ．①互联网络—历史—世界
Ⅳ．①TP393.4-091

中国版本图书馆 CIP 数据核字（2017）第 295730 号

出版统筹：刘九如
策划编辑：刘声峰（itsbest@phei.com.cn）
　　　　　黄　菲（fay3@phei.com.cn）
责任编辑：黄　菲　　特约编辑：徐学锋　刘广钦
印　　刷：涿州市京南印刷厂
装　　订：涿州市京南印刷厂
出版发行：电子工业出版社
　　　　　北京市海淀区万寿路 173 信箱　邮编：100036
开　　本：787×1 092　1/32　印张：7　　字数：182 千字
版　　次：2018 年 12 月第 1 版
印　　次：2018 年 12 月第 1 次印刷
定　　价：58.00 元

凡所购买电子工业出版社图书有缺损问题，请向购买书店调换。若书店售缺，请与本社发行部联系，联系及邮购电话：（010）88254888，88258888。

质量投诉请发邮件至 zlts@phei.com.cn，盗版侵权举报请发邮件至 dbqq@phei.com.cn。

本书咨询联系方式：39852583（QQ）。

——互联网实验室文库——